U0795938

山东省职业教育课程改革教材

机械制图习题册

主编　梁　峰　张文亮

山东科学技术出版社

图书在版编目（CIP）数据

机械制图习题册 / 梁峰，张文亮主编 .—济南：山东科学技术出版社，2018.8

ISBN 978-7-5331-9632-5

Ⅰ . ①机… Ⅱ . ①梁… ②张… Ⅲ . ①机械制图—职业教育—习题集 Ⅳ . ① TH126-44

中国版本图书馆 CIP 数据核字（2018）第 139442 号

责任编辑：邱赛琳　梁天宏

装帧设计：孙非羽

主管单位：山东出版传媒股份有限公司

出 版 者：山东科学技术出版社

地址：济南市市中区英雄山路 189 号

邮编：250002　电话：（0531）82098088

网址：www.lkj.com.cn

电子邮件：sdkj@sdpress.com.cn

发 行 者：山东科学技术出版社

地址：济南市市中区英雄山路 189 号

邮编：250002　电话：（0531）82098071

印 刷 者：山东省东营市新华印刷厂

地址：山东省东营市华泰工业园

邮编：257335　电话：（0546）6441693

开本：787mm × 1092mm　1/16

印张：4.75

字数：90 千

版次：2018 年 8 月第 1 版　2018 年 8 月第 1 次印刷

定价：18.00 元

前　言

机械制图是一门技术类的专业基础课，是后续专业学习及职业生涯中一项重要的工程语言工具。

本习题册与《机械制图》教材配套使用。本习题册根据职业院校培养目标编写，内容紧扣《职业学校机械制图教学大纲》，题型多样，题量丰富，既适合职业院校教学使用，也适合培训类机构培训或相关专业爱好者自学使用。

本习题册由梁峰、张文亮担任主编，董义香、吕爱英担任副主编，杨升、孙永强、曲春梅、杜传山、李亮、徐钦峰、高文参与编写，胡安水主审。

由于编者水平有限，书中难免存在错误和不妥之处，敬请广大读者批评指正。

编　者

目　录

项目一　制图基本知识 …… 1

项目二　几何作图 …… 5

项目三　几何元素的投影 …… 8

项目四　立体的投影及表面交线 …… 12

项目五　轴测图 …… 22

项目六　组合体 …… 26

项目七　机件的表达方法 …… 36

项目八　常用件 …… 50

项目九　零件图 …… 57

项目十　装配图 …… 65

项目一　制图基本知识

字体练习　　　　　　　　　　班级：　　　　　　姓名：

机械制图标准序号名称件数重班元素尺寸平面几何点

量材料比例日期技术要求座架级位置投影变换垂直与

承箱体审核型底设工程公差度国立体平面轴测图透视形体平行三视图俯视王

思考绘制作用内容测绘螺纹联接工程机件组合体简化你我极限发展概念化消

规定上支架齿轮轴承序号法律焊接达方法计算机标准所以好高尚后面处理柱

字体练习（续） 班级： 姓名：

A B C D E F G H I J K L M N O P Q R S T U V

W X Y Z 1 2 3 4 5 6 7 8 9 0 a b c d e f g h

i j k l m n o p q r s t u v w x y z α β γ φ π θ

I II III IV V VI VII VIII IX X XI XII $ ‰ ¥ ∞

将所给图线、图形抄画在上边　　班级：　　姓名：

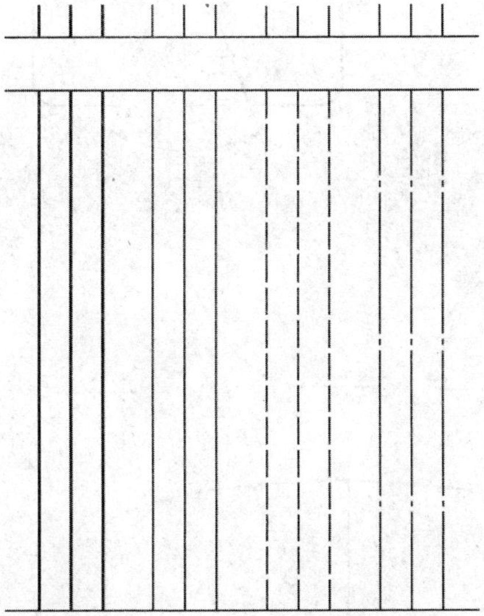
(1)

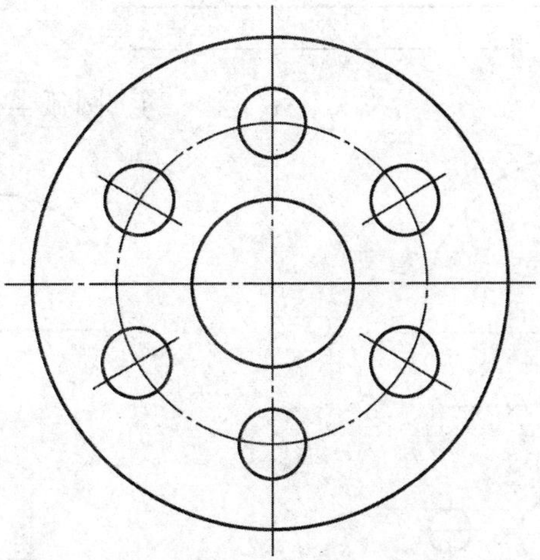
(2)

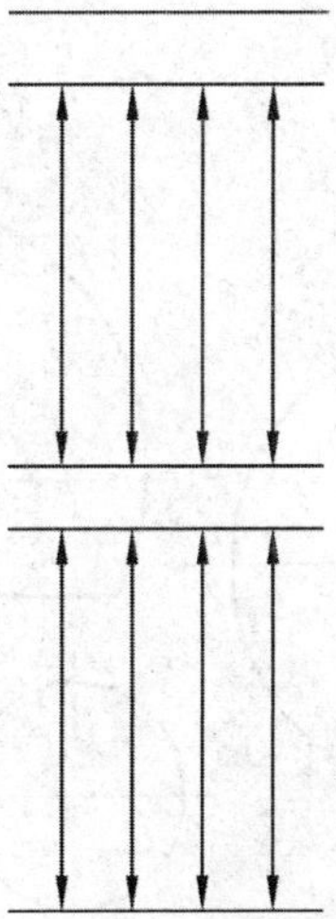
(3)

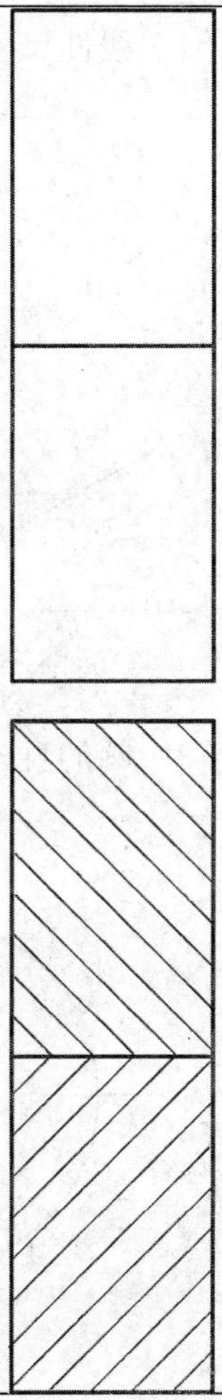
(4)

尺寸标注练习（需标数值从图中度量，取整数）　　班级：　　姓名：

（1）线性尺寸

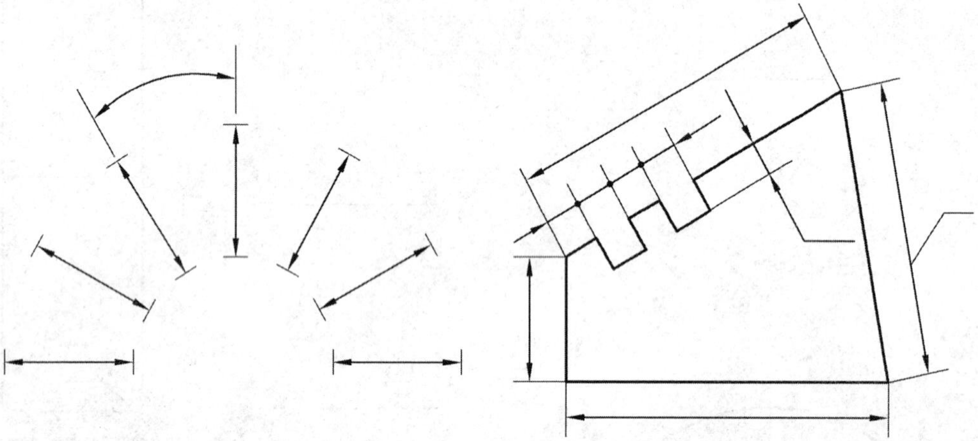

（2）角度尺寸

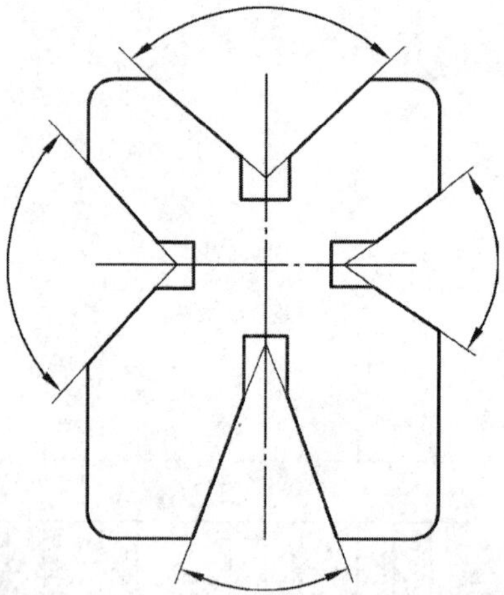

（3）圆的直径

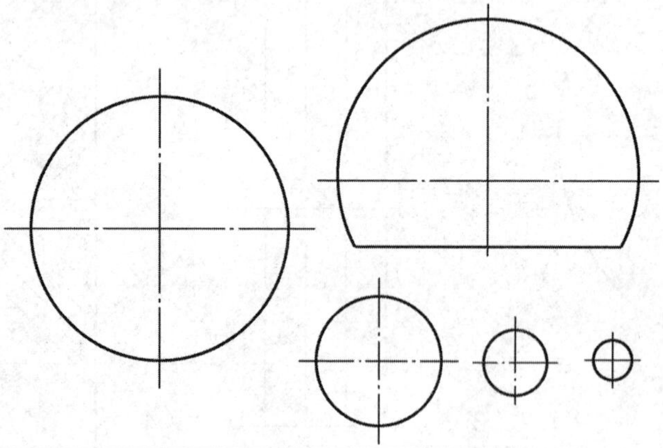

（4）圆弧半径

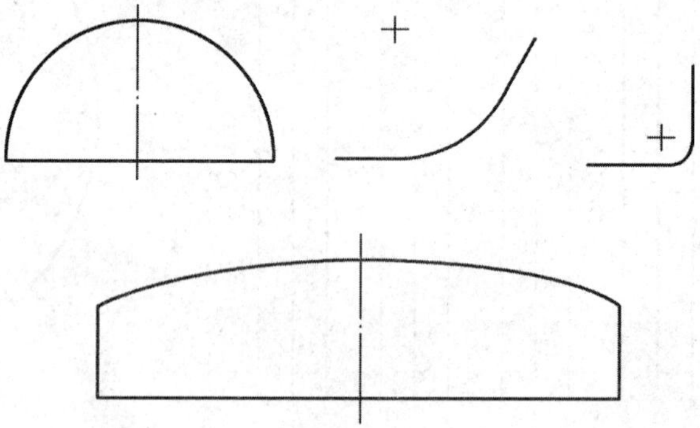

项目二　几何作图

基本作图练习

班级：　　　　姓名：

（1）将线段 *AB* 七等分

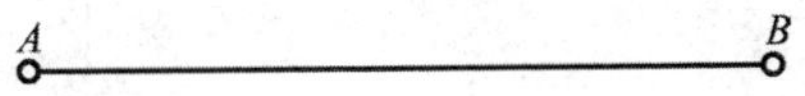

（2）以 *AB* 为底边作正三角形

（3）作圆内接正六边形

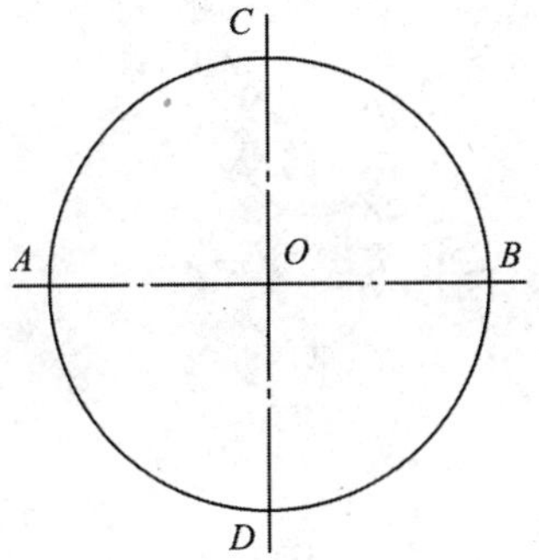

（4）作圆内接正五边形

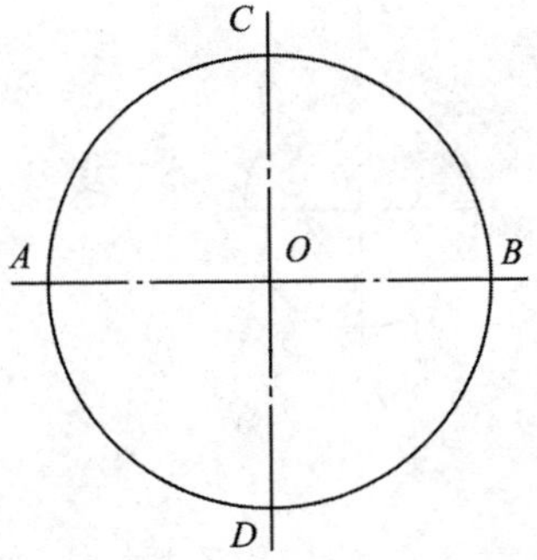

（5）参照右上角示意图，作 1 ∶ 9 斜度图形

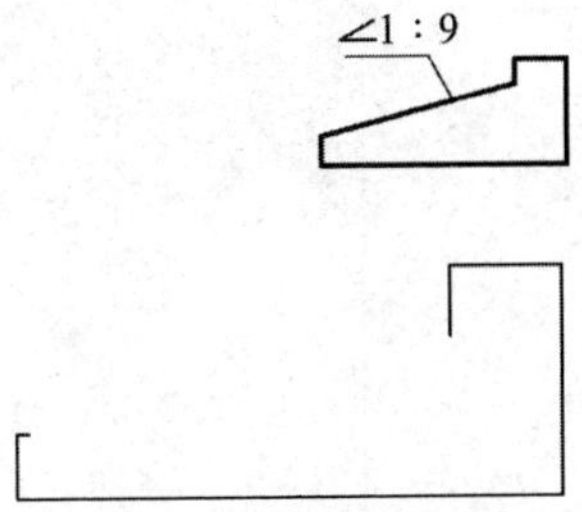

（6）参照右上角示意图，作 1 ∶ 3 锥度图形

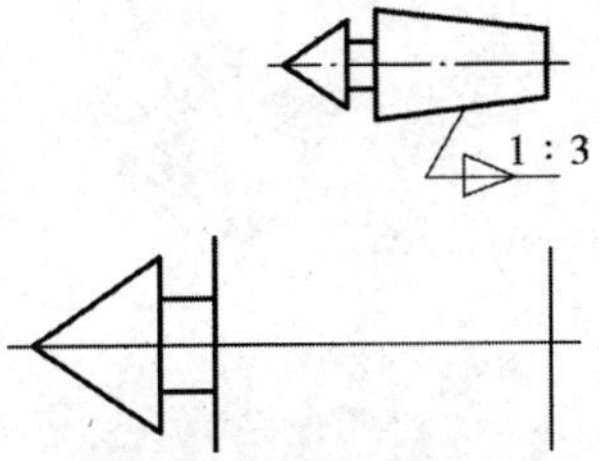

圆弧连接

班级：　　　　　　姓名：

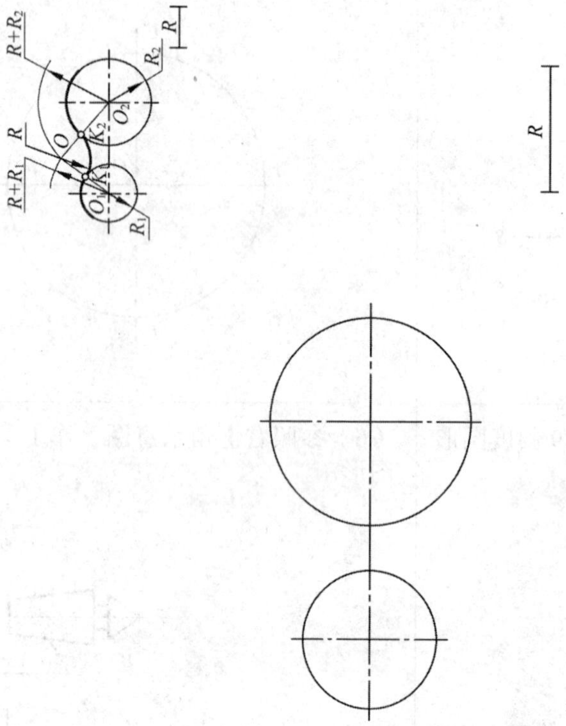

（1）

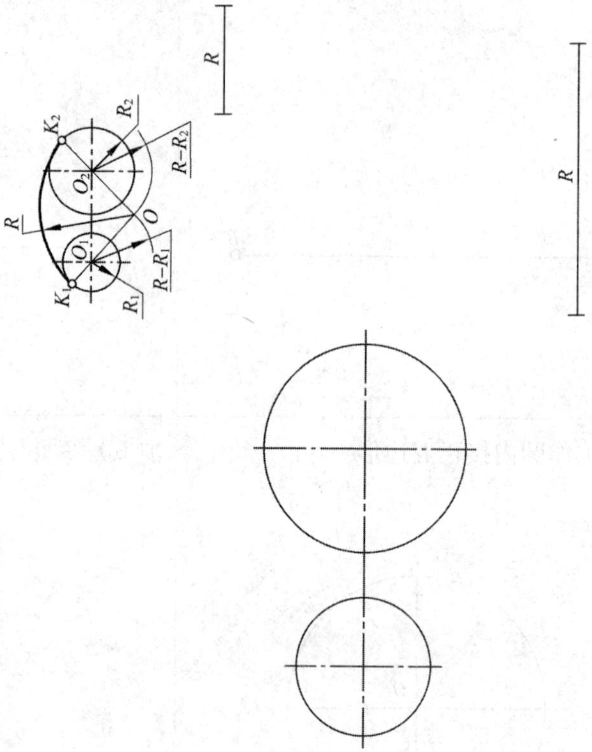

（2）

平面图形练习　　　　班级：　　　　姓名：

在A3图纸上，用2：1作出下列图形，并标注尺寸。

（1）

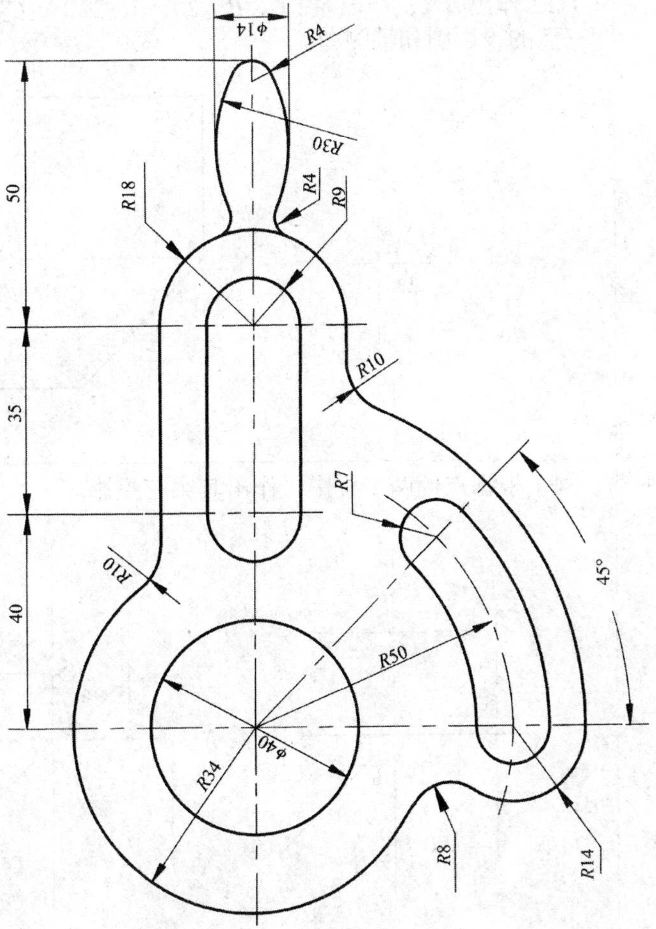

（2）

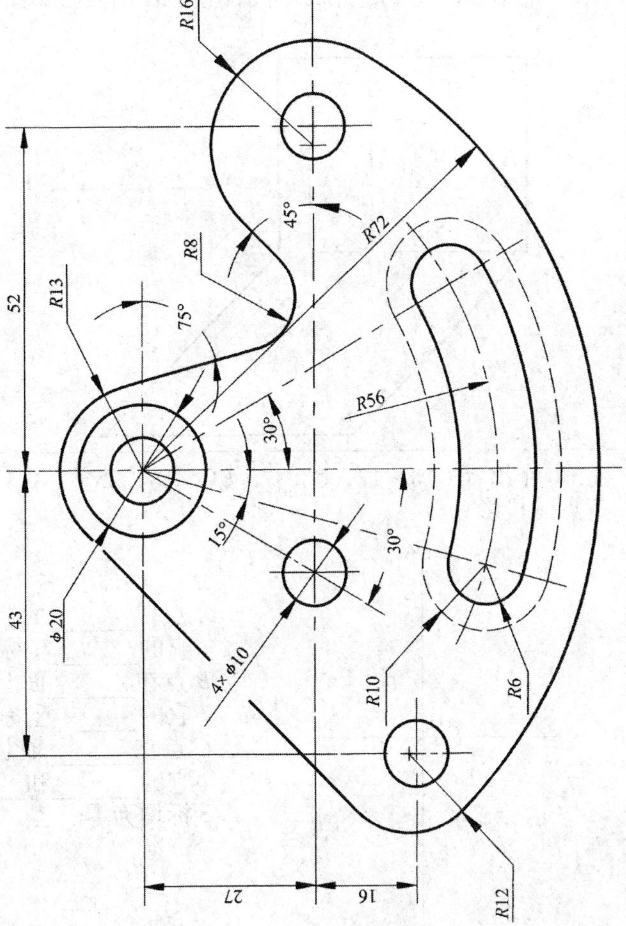

项目三　几何元素的投影

点的投影

班级：　　　　　　姓名：

（1）根据轴测图上各点的空间位置，作出其投影图。

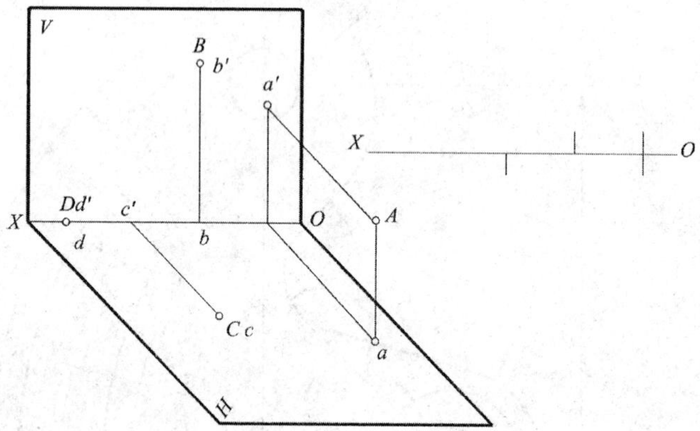

（2）作出 A（8，18，12）、B（20，0，22）、C（25，10，0）三点的投影图和轴测图。

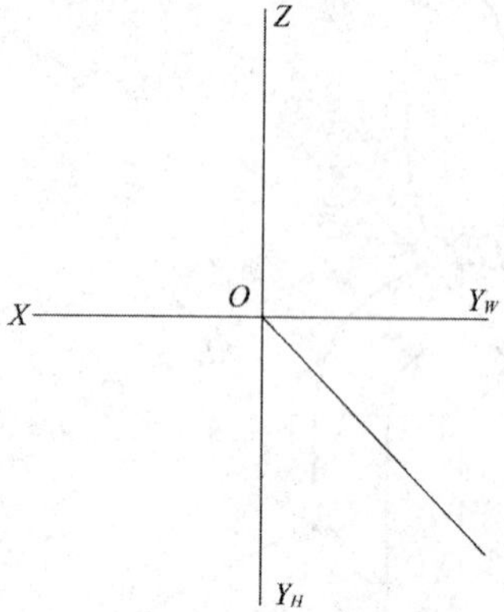

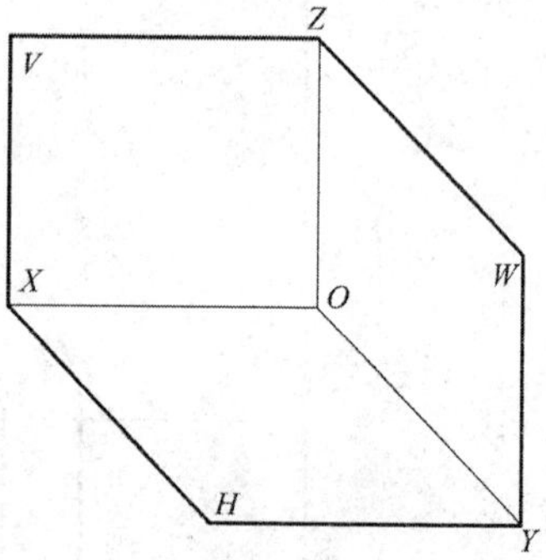

（3）作出 A（18，12，0）、B（0，18，25）、C（22，0，0）三点的投影。

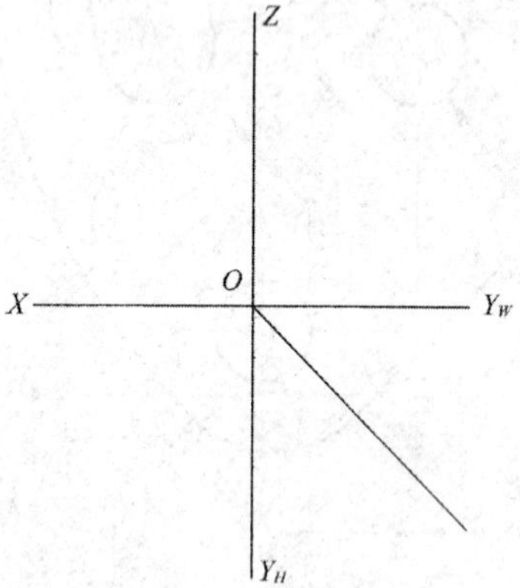

A 点在______面上，
它的______坐标等于零。
B 点在______面上，
它的______坐标等于零。
C 点在______轴上，
它的______和______坐标均为零。

（4）根据点的两个投影，作出其第三投影。

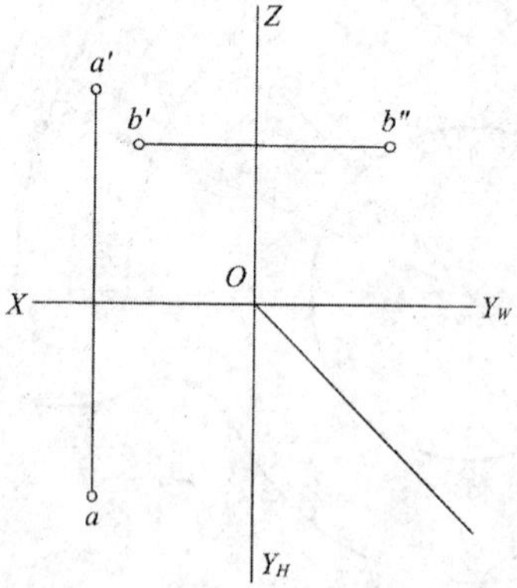

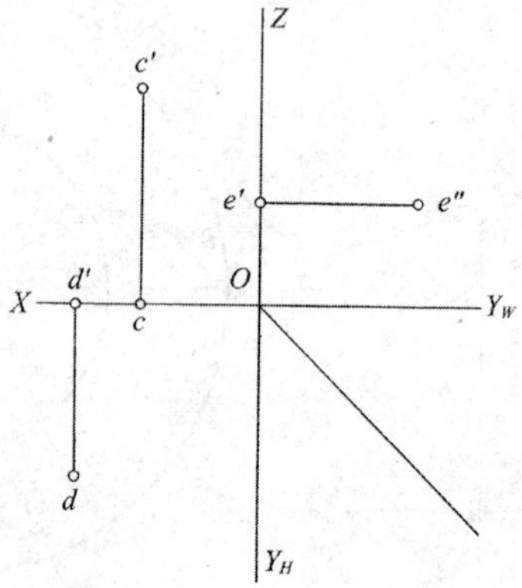

点的投影（续）

班级：　　　　　姓名：

（5）已知 B 点在 A 点左方 35 mm，在 A 点前方 10 mm，比 A 点高 20 mm；又知 C 点与 B 点同高，并且它的坐标 $X=Y=Z$。作出 A、B、C 三点的三面投影图。

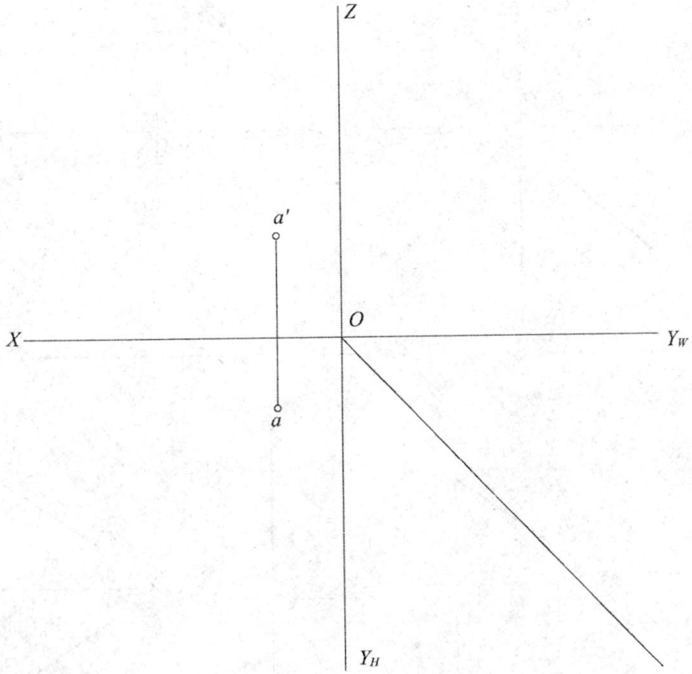

（6）已知 D（30，25，20），E（30，25，25），F（20，20，20），G（30，20，20），作出各点的投影图，并判别可见性，把不可见的投影加上括号。

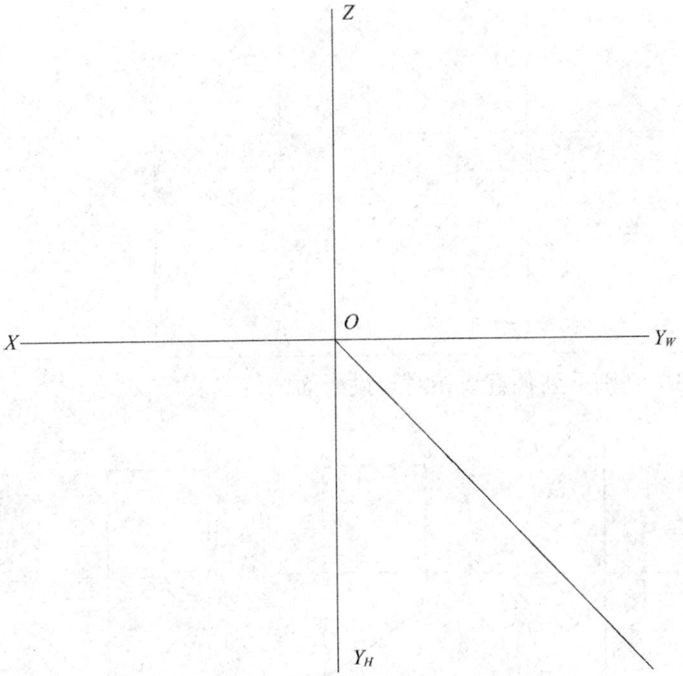

直线的投影

班级：　　　　姓名：

（1）按下列已知条件，作出直线 AB、CD 的三面投影：①两端点 A（20，8，5）、B（6，18，20）；② CD 的两投影。

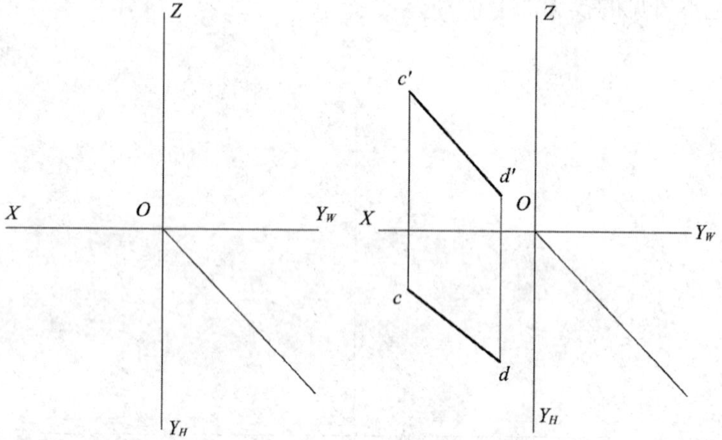

（2）按下列已知条件作出直线 EF、GH 的三面投影：① F 点距 H 面为 25 mm；② G 点距 V 面 6 mm。

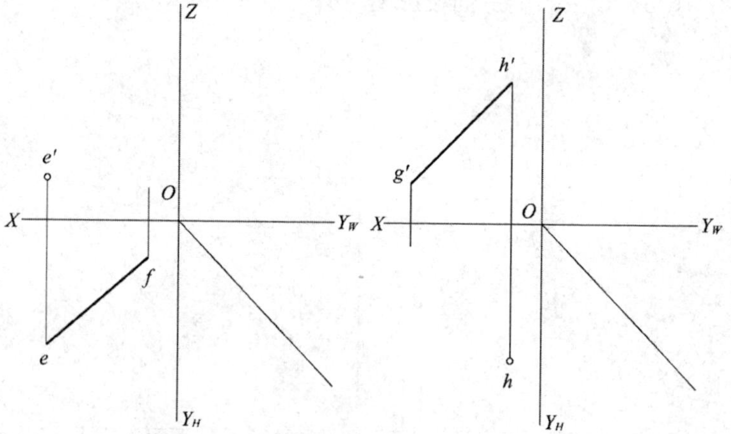

（3）判别下列各直线相对于投影面的位置。

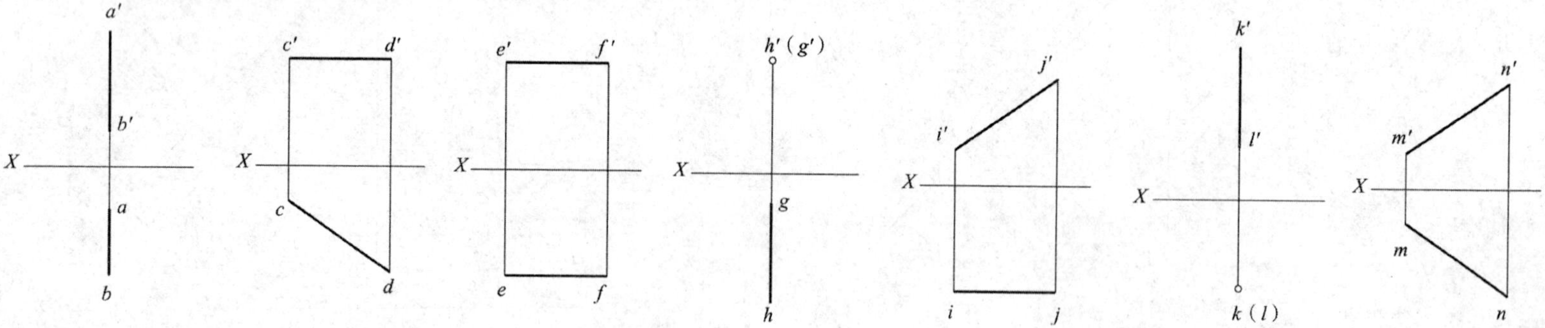

AB 是________线，CD 是________线，EF 是________线，GH 是________线，IJ 是________线，KL 是________线，MN 是________线，

平面的投影

班级：　　　　姓名：

（1）根据平面图形的两个投影，求作其第三投影，并判断平面的相对位置。

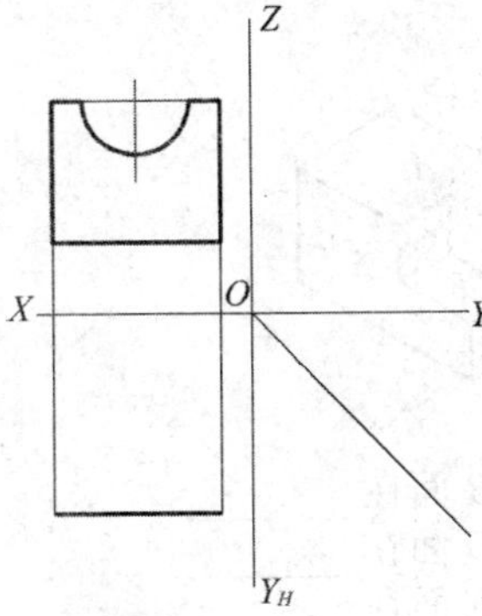

________面

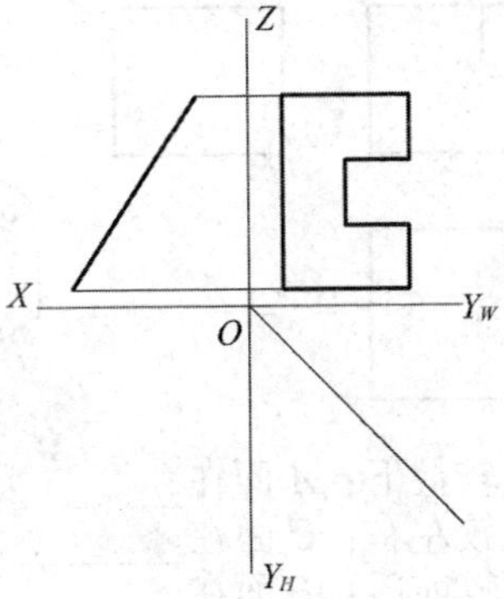

________面

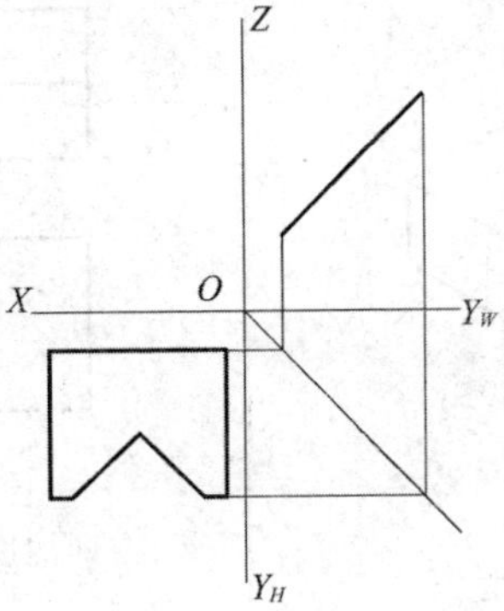

________面

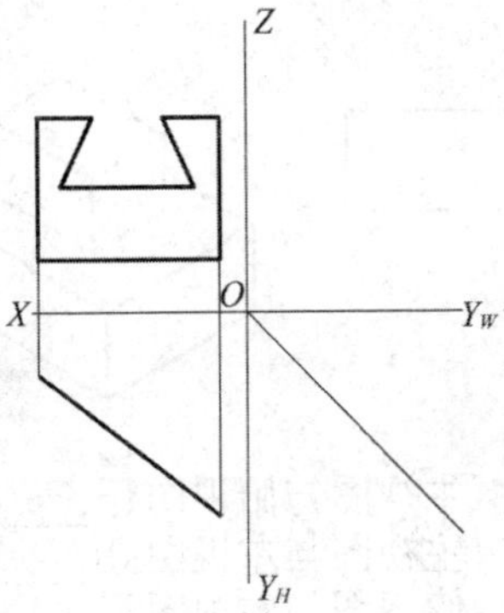

________面

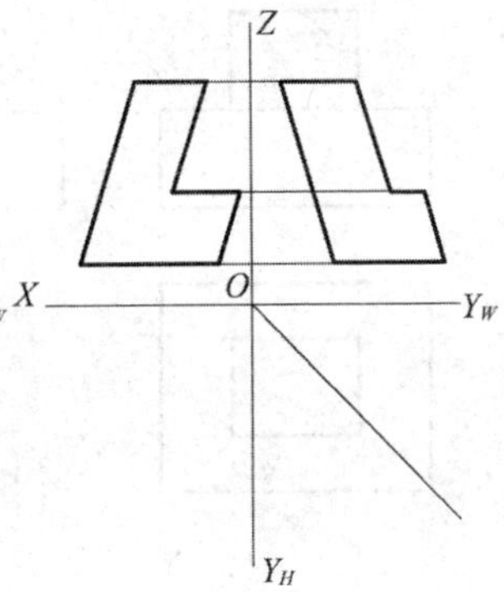

________面

（2）对照轴测图，分别在立体的三面投影图上，将平面 *A*、*B* 的三面投影用粗实线描出，并判别其相对位置。

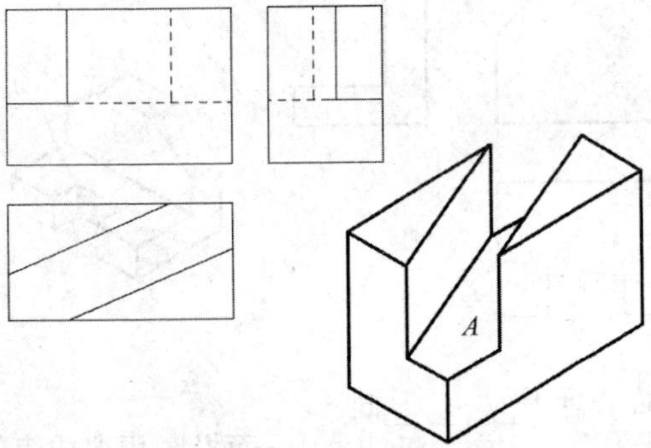

A 面是________面

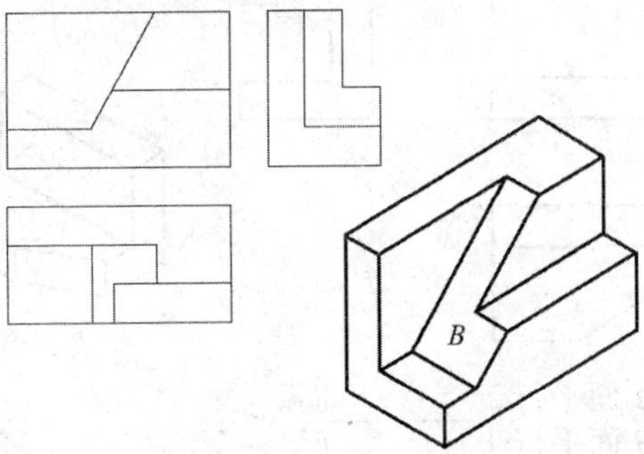

B 面是________面

项目四　立体的投影及表面交线

根据轴测图，补画三视图中漏画的图线，并填空回答问题　　　　班级：　　　　姓名：

（1）

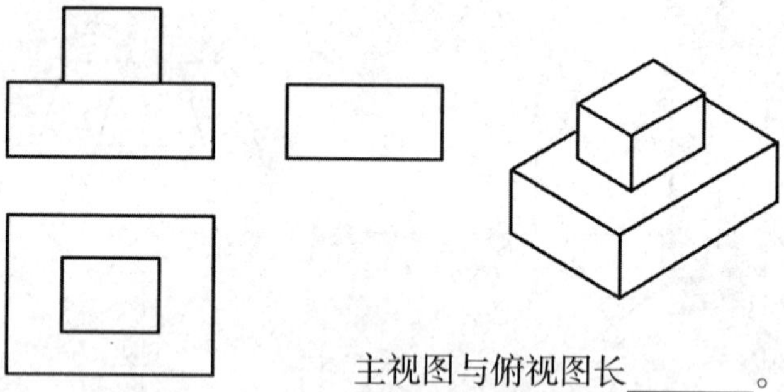

主视图与俯视图长______。
主视图与左视图高______。
俯视图与左视图宽______。

（2）

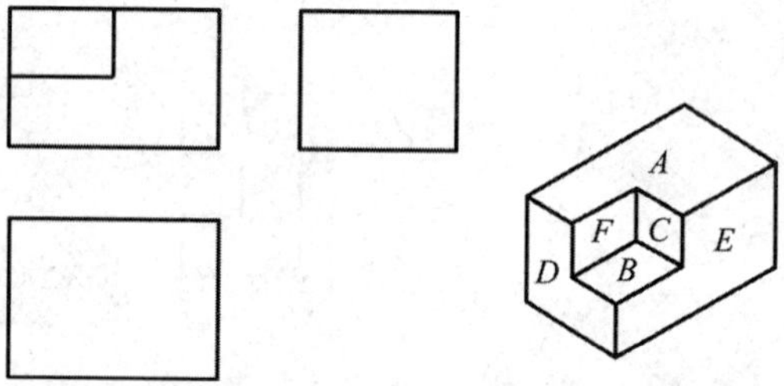

比较上下：*A* 面在______，*B* 面在______。
比较左右：*C* 面在______，*D* 面在______。
比较前后：*E* 面在______，*F* 面在______。

（3）

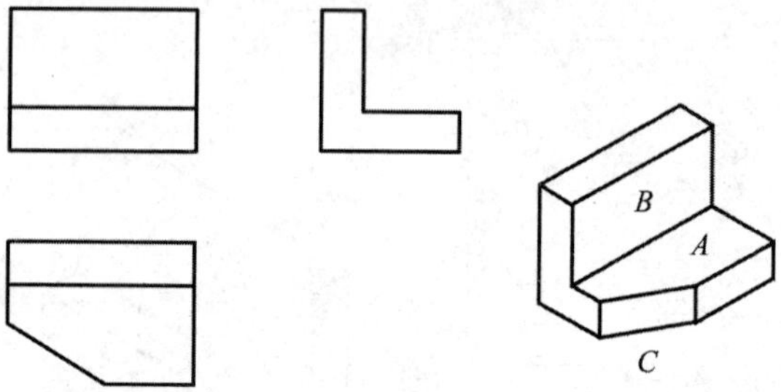

A 面平行于______面。
B 面平行于______面。
C 面平行于______面，在______面投影积聚成直线。

（4）

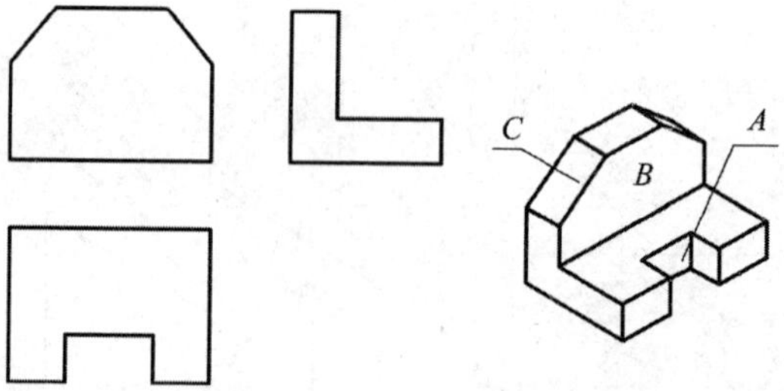

A 面与 *B* 面平行于______面。
C 面垂直于______面，在______面投影积聚成直线。

根据物体的三视图，找出对应的轴测图（在括号中填写对应的序号）　　　　班级：　　　　姓名：

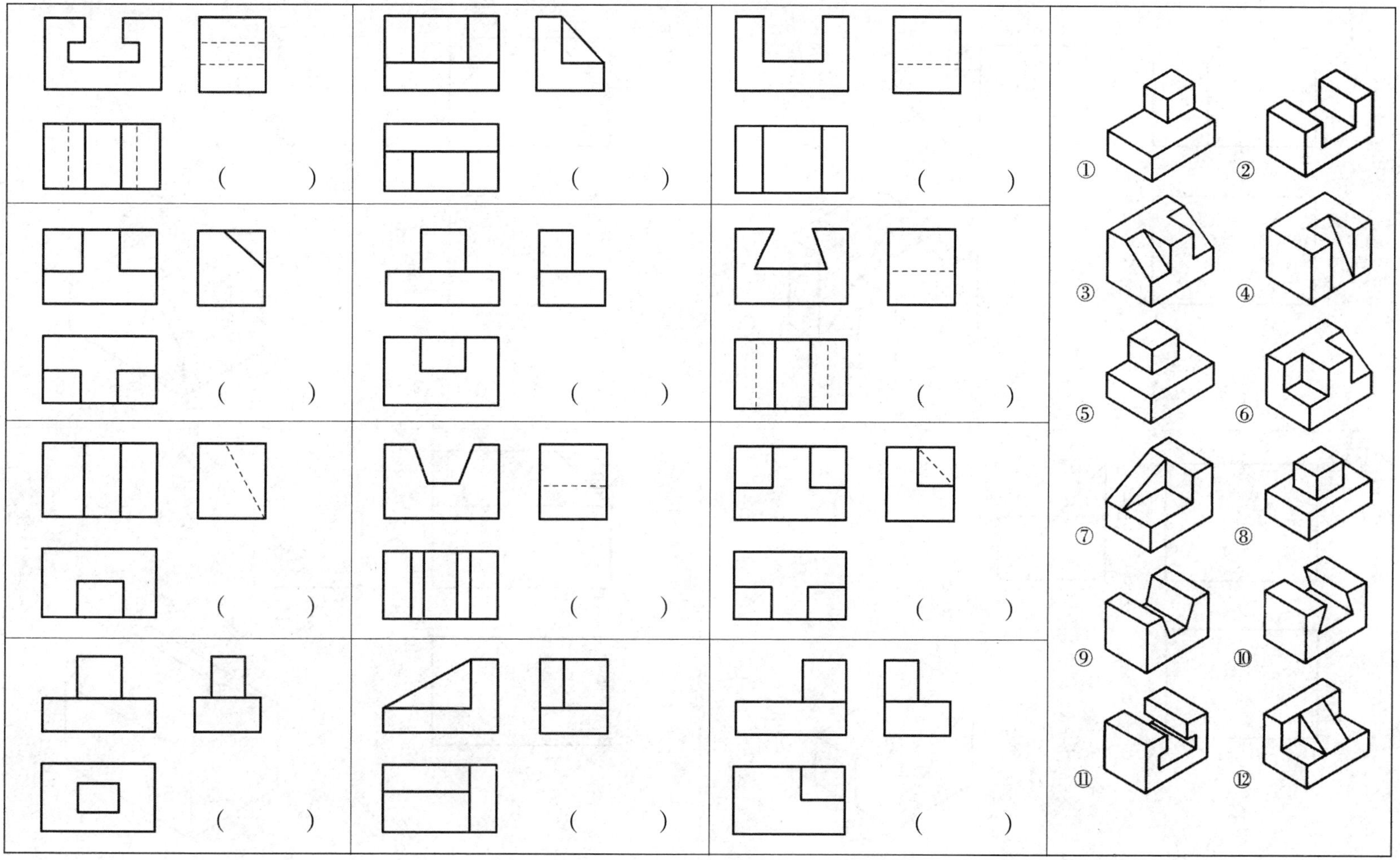

根据轴测图补画三视图中漏画的图线　　　　班级：　　　　姓名：

（1）

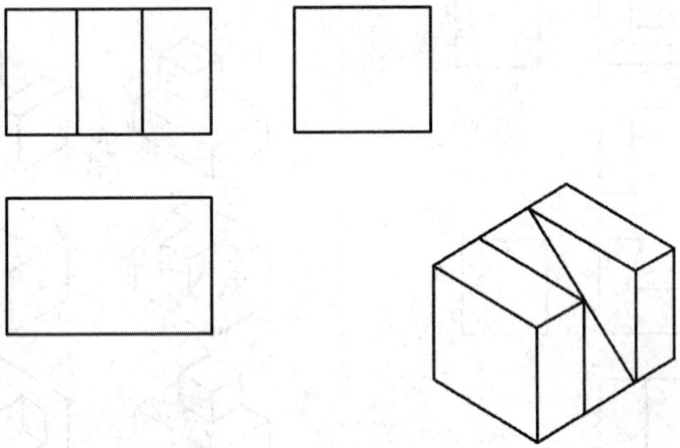

（2）

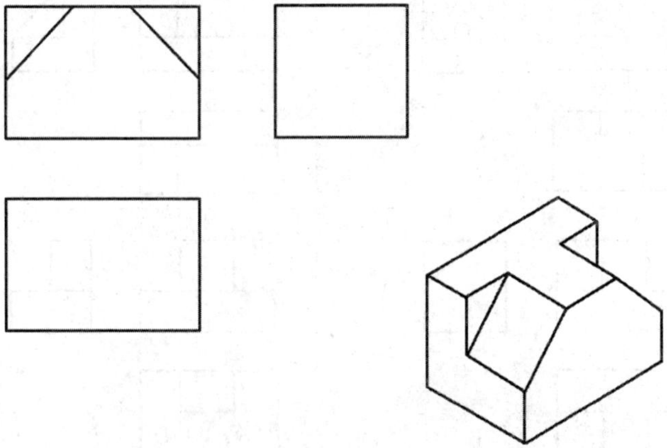

（3）

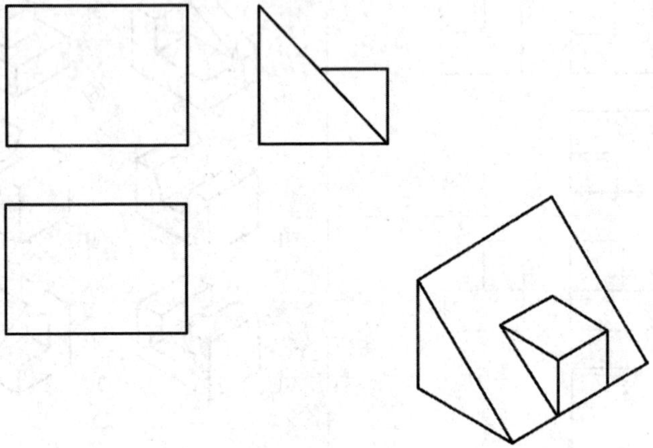

（4）

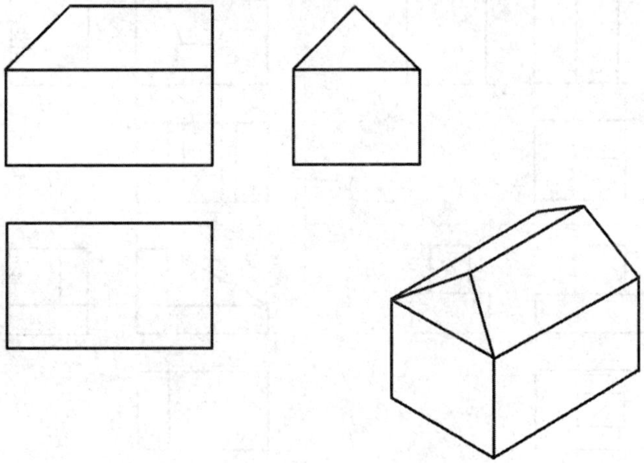

基本体的投影

班级：　　　　　　姓名：

（1）作出六棱柱的水平投影，以及表面上 A 点的三面投影。

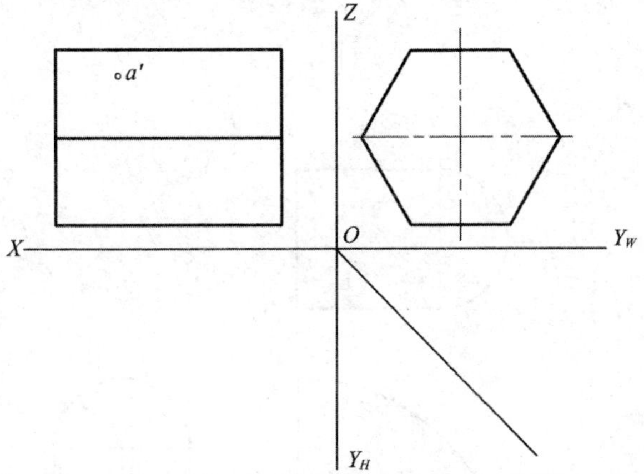

（2）作出棱锥的侧面投影，以及表面上 B 点的三面投影。

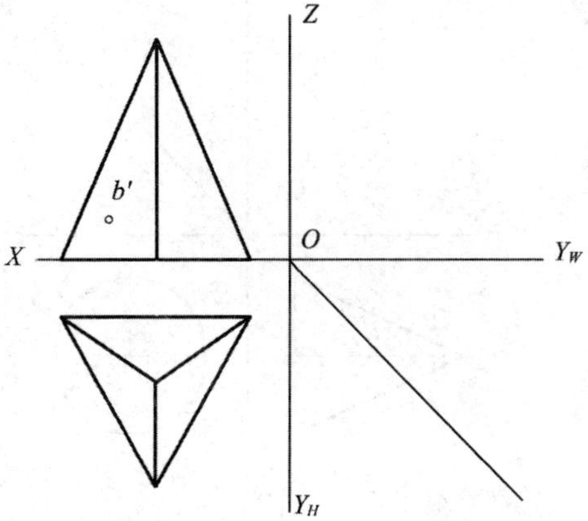

（3）作出圆柱的水平投影，以及表面上 B 点的三面投影。

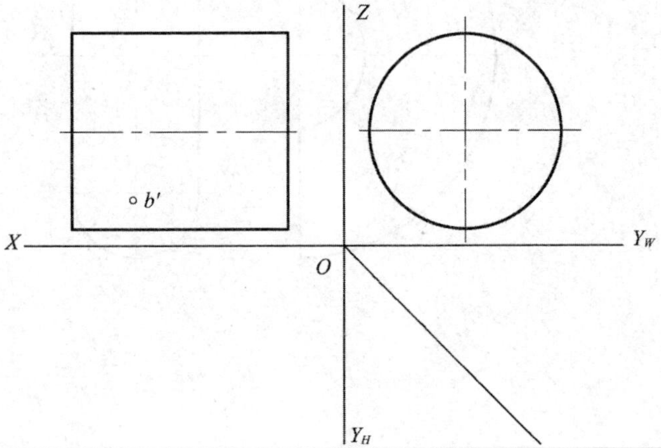

（4）作出圆锥的水平投影，以及表面上 A 点的三面投影。

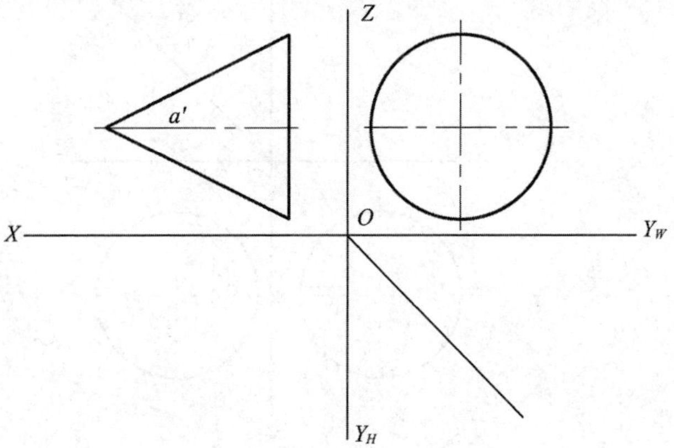

基本体的投影（续）

班级：　　　　姓名：

（5）作出球体的侧面投影，以及表面上 B、C 点的三面投影。

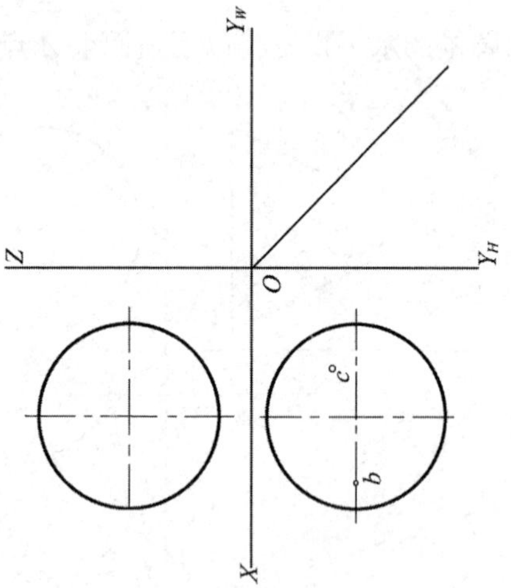

（6）作出圆锥的侧面投影，以及表面上 B 点的三面投影。

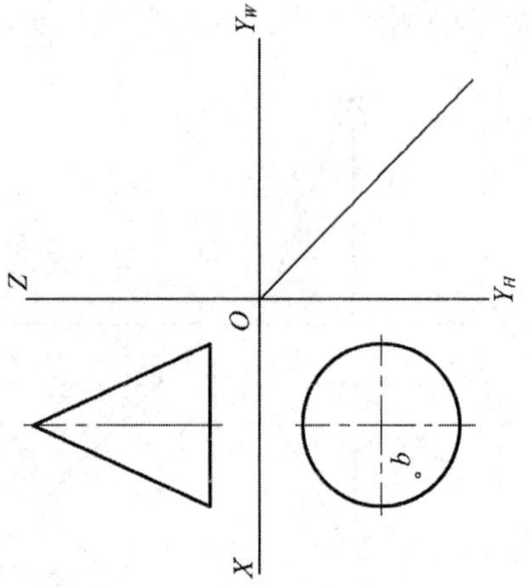

（7）作出1/2环体表面上 A、B、C 点的三面投影。

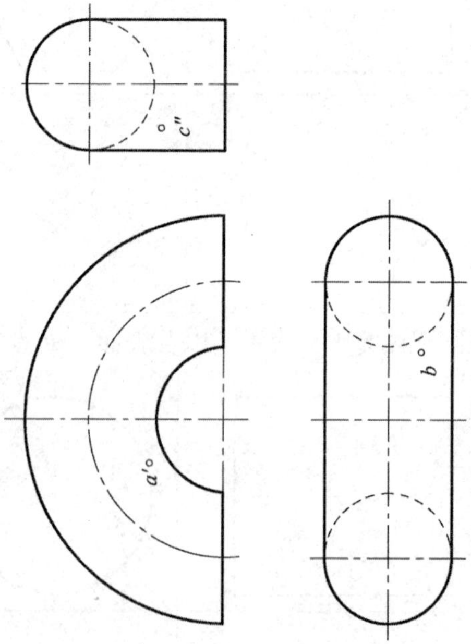

完成切割体的投影

班级：　　　　姓名：

（1）补全平面切割体水平投影、侧面投影中所缺的图线。

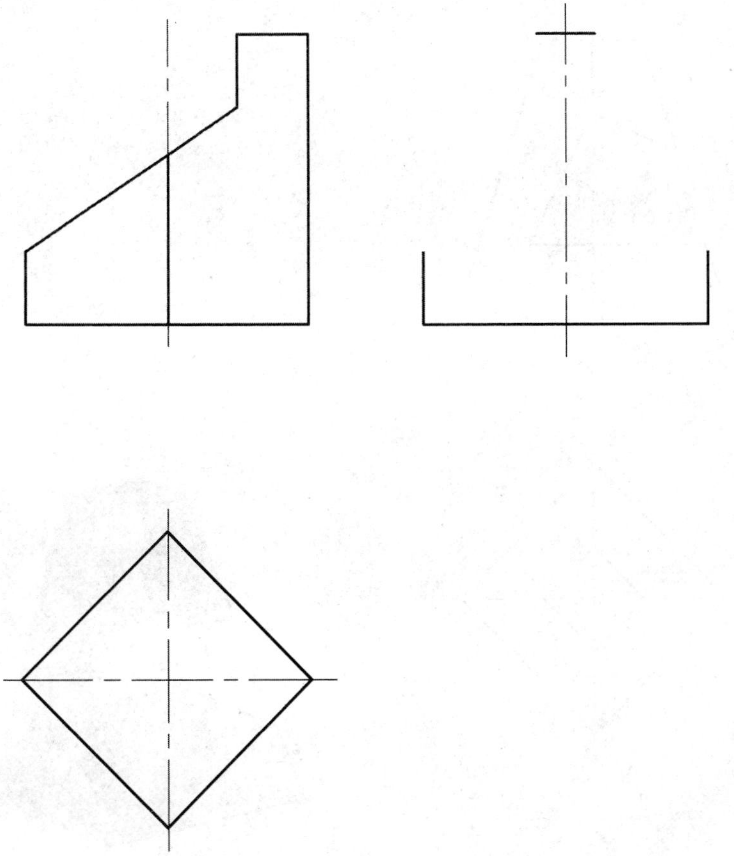

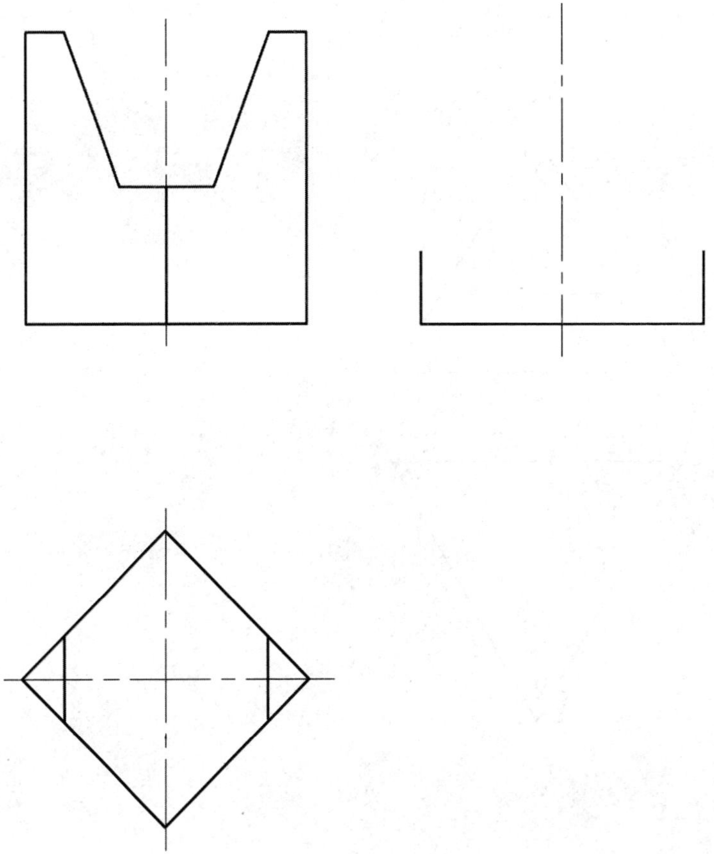

完成切割体的投影（续）

班级：　　　　姓名：

（2）完成平面切割体水平投影，并补画侧面投影。

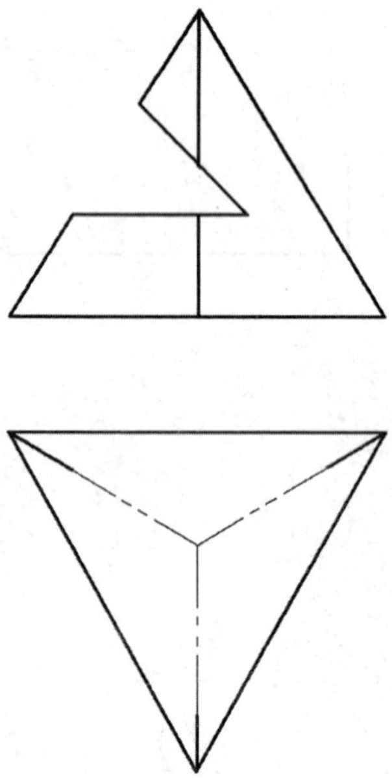

完成切割体的投影（续）

班级：　　　　姓名：

（3）完成圆柱体被切割后的三面投影。

①

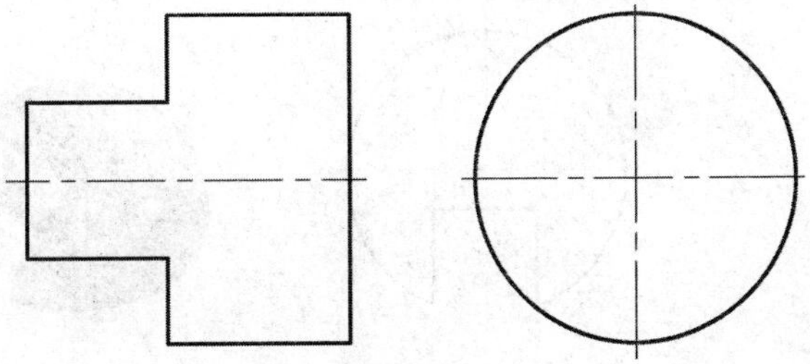

②

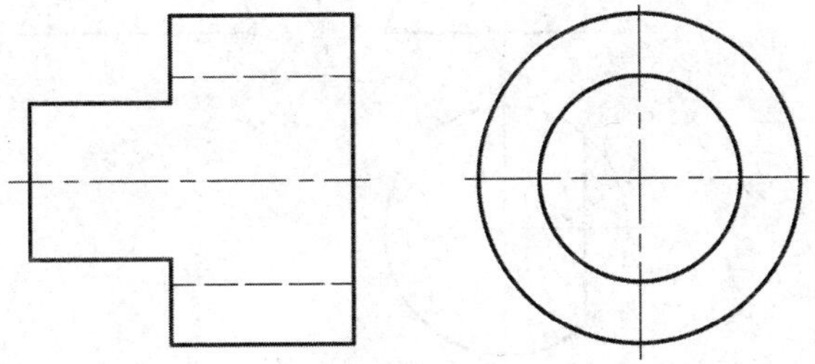

③

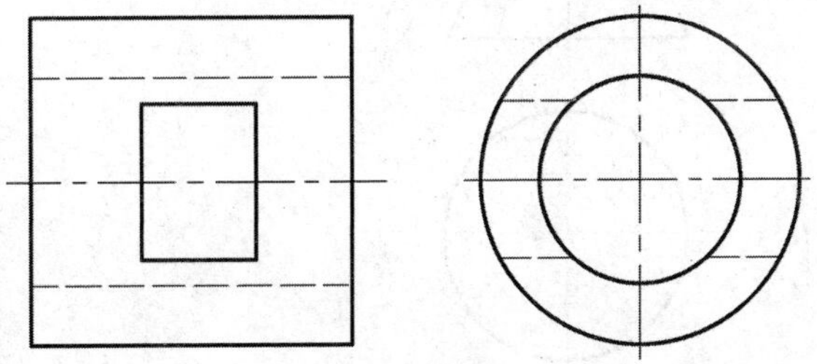

④

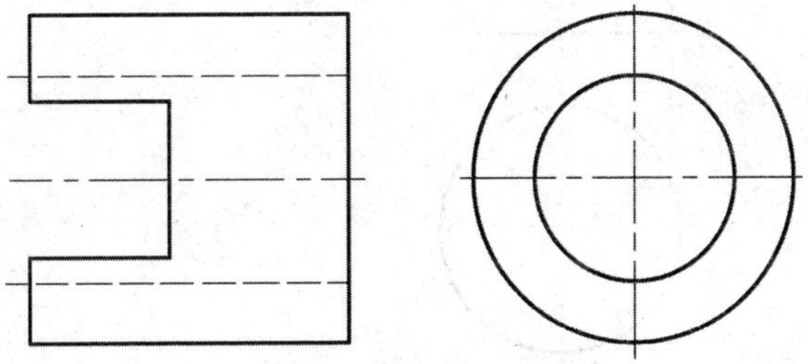

完成切割体的投影（续）

班级： 姓名：

（4）

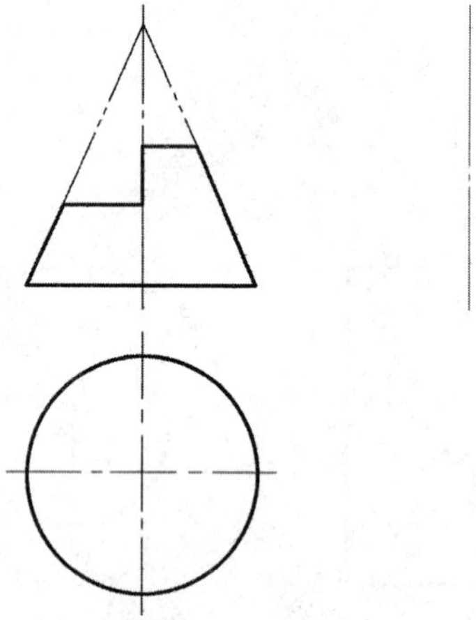

（5）

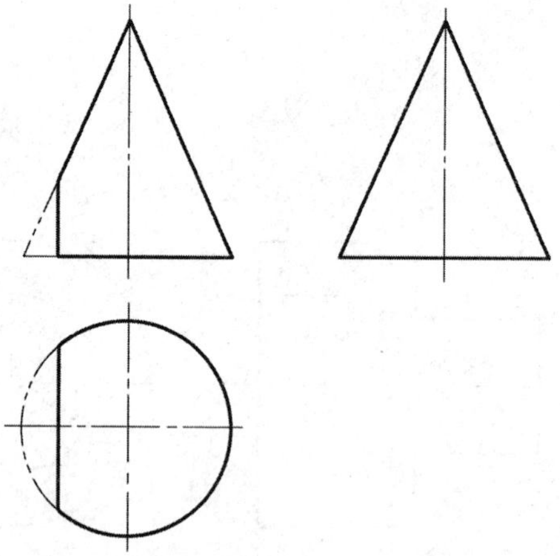

（6）

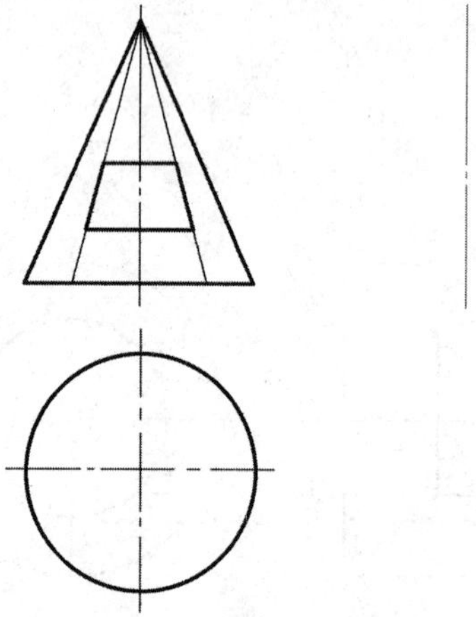

（7）

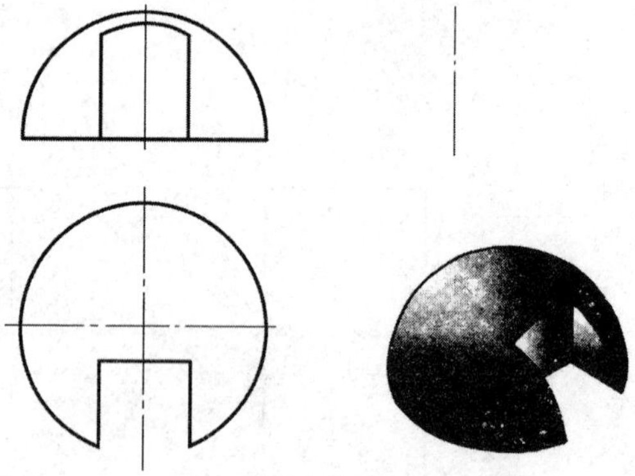

补画视图中的相贯线　　　　班级：　　　　姓名：

（1）

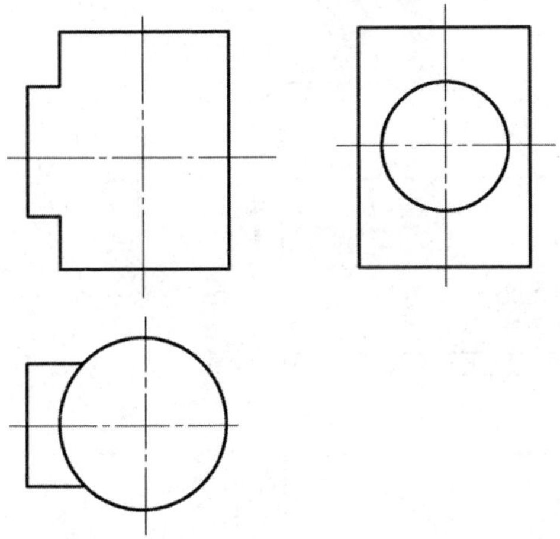

（2）

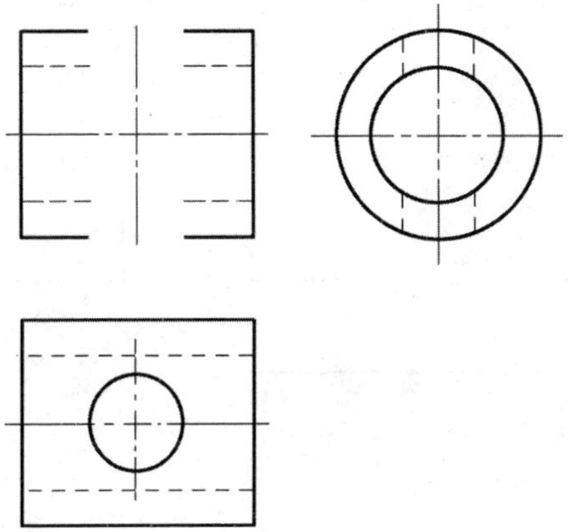

（3）

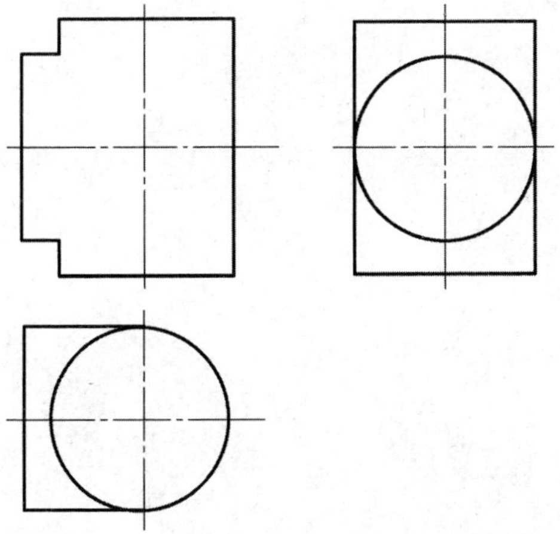

（4）

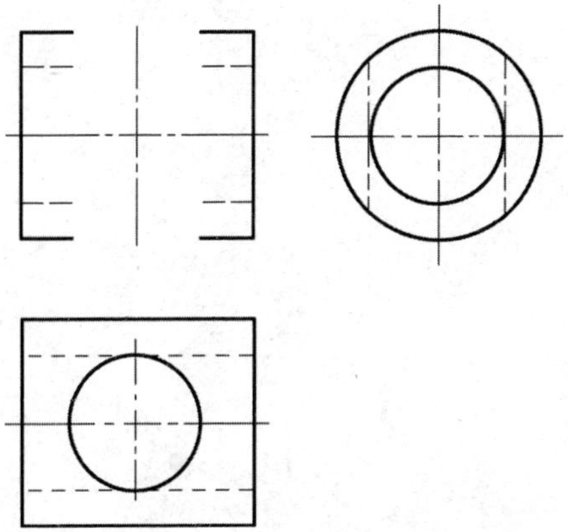

项目五　轴测图

根据三视图，画正等测轴测图　　　　班级：　　　　姓名：

（1）

（2）

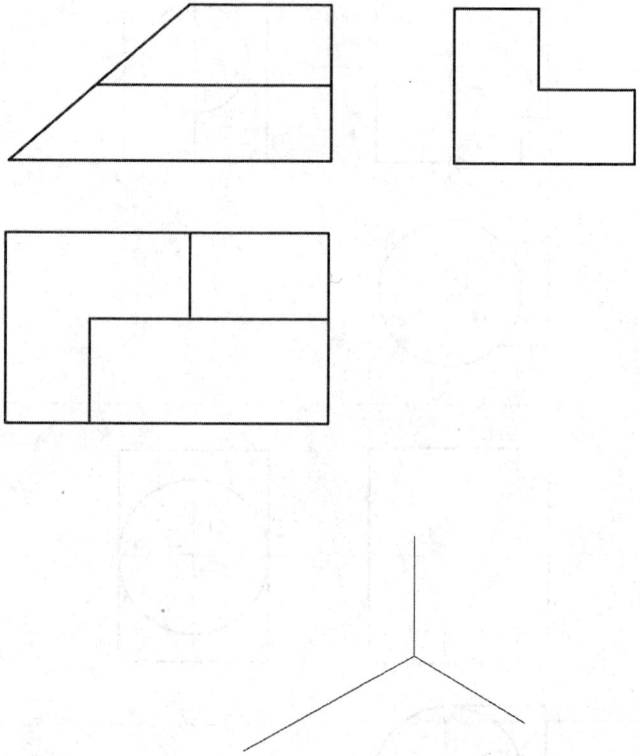

根据三视图，画正等测轴测图（续）

班级：　　　　姓名：

（3）

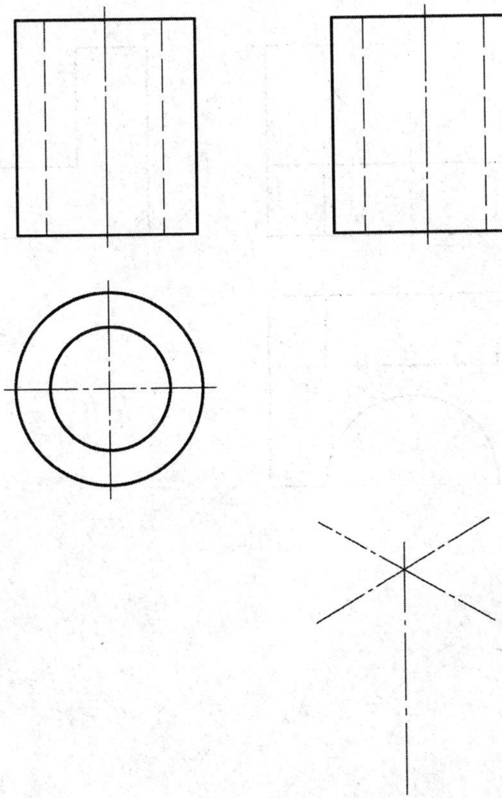

（4）

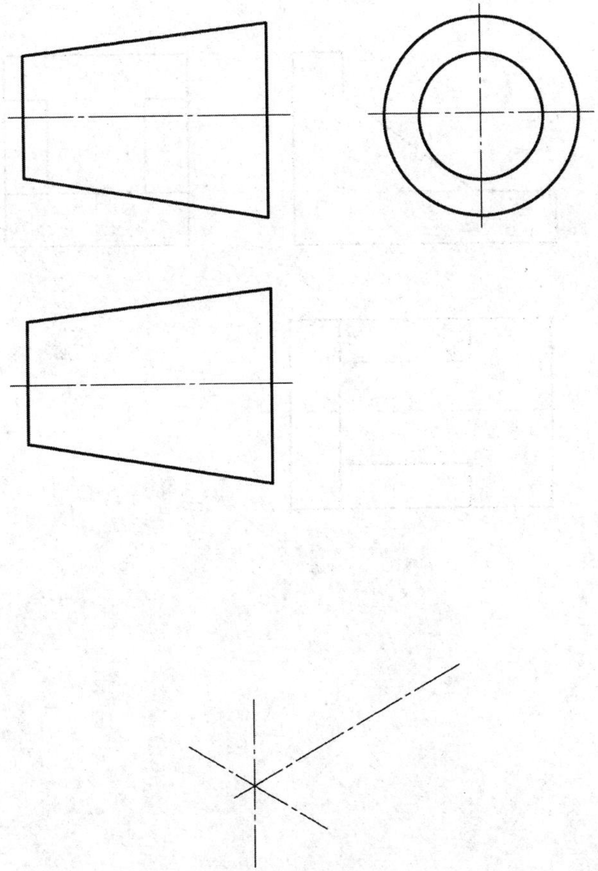

根据三视图，画正等测轴测图（续）　　　　班级：　　　　姓名：

（5）

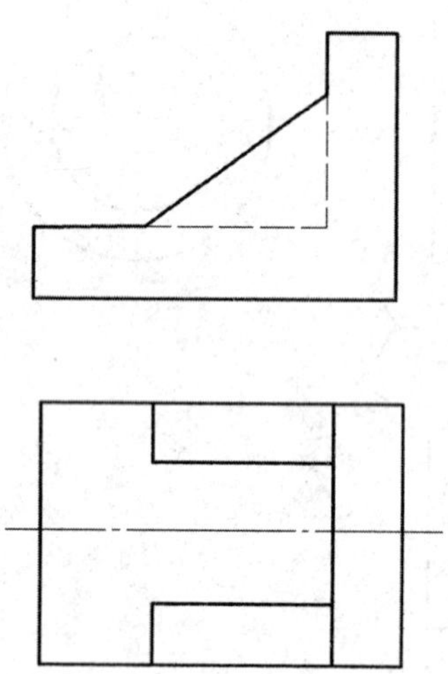

（6）

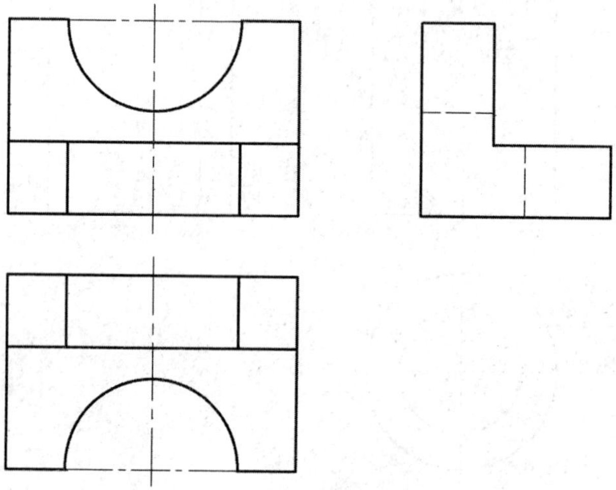

根据视图画斜二测等轴测图　　　　班级：　　　　姓名：

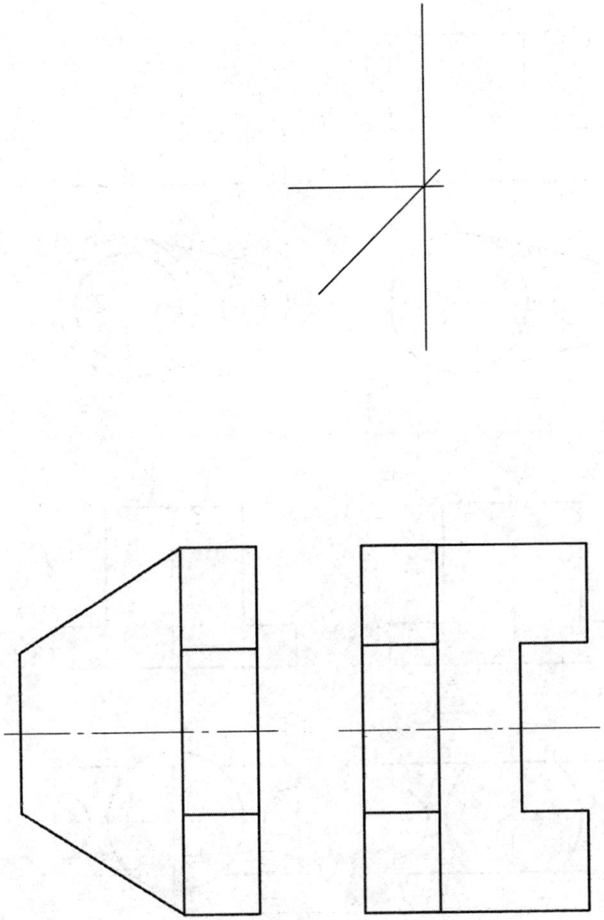

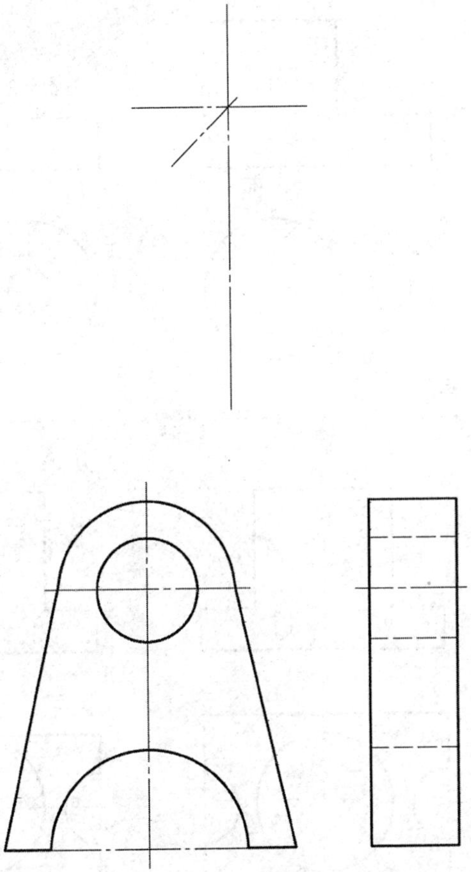

项目六　组合体

补画下列组合体表面交线

班级：　　　　　　姓名：

（1）

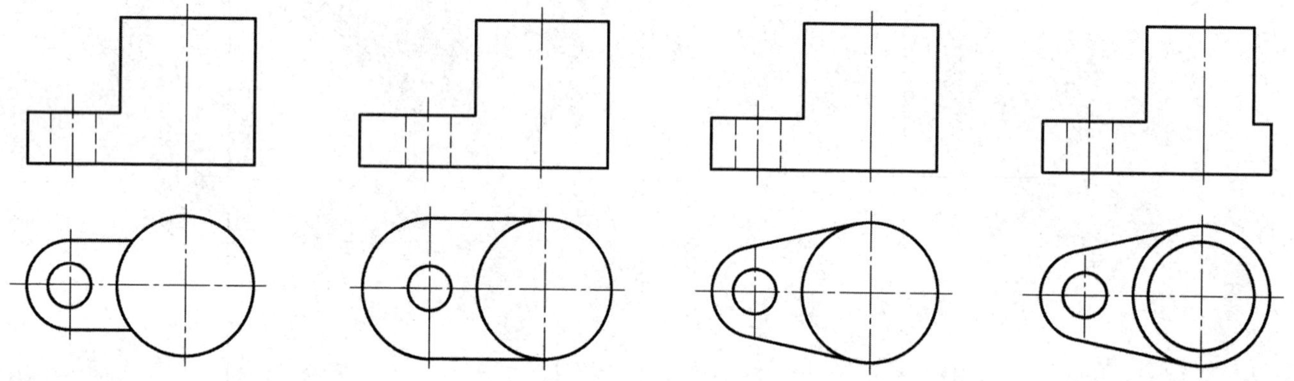

（2）

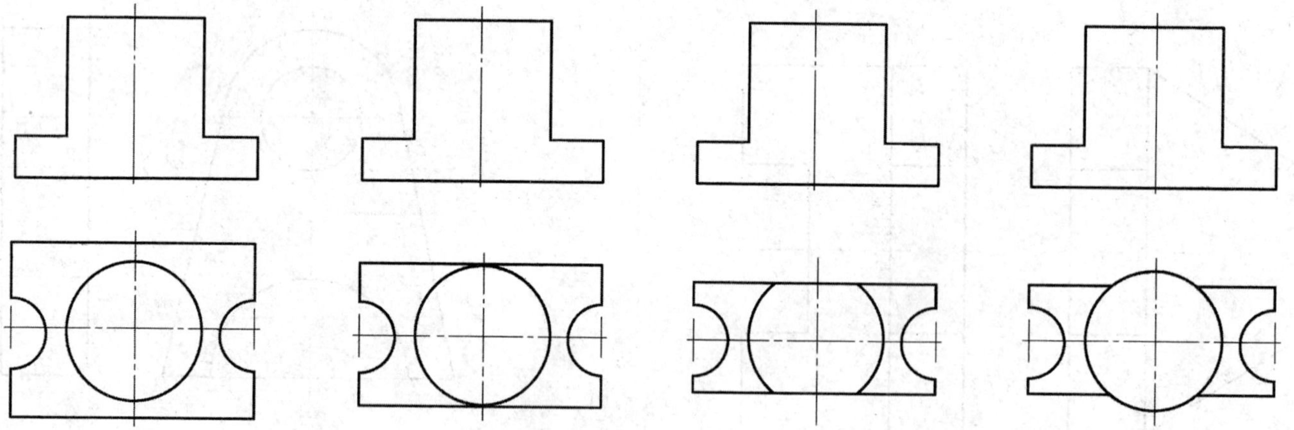

运用形体分析法画出组合体的三视图（尺寸按轴测图量取）　　班级：　　姓名：

（1）

（2）

根据两视图（参照轴测图）补画另一视图　　　　班级：　　　　姓名：

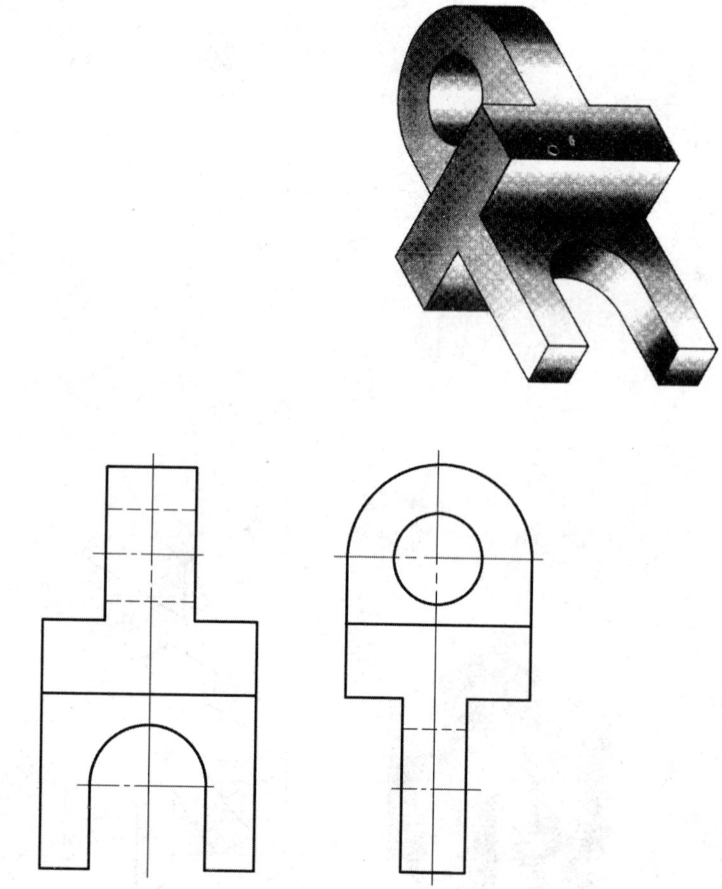

（1）

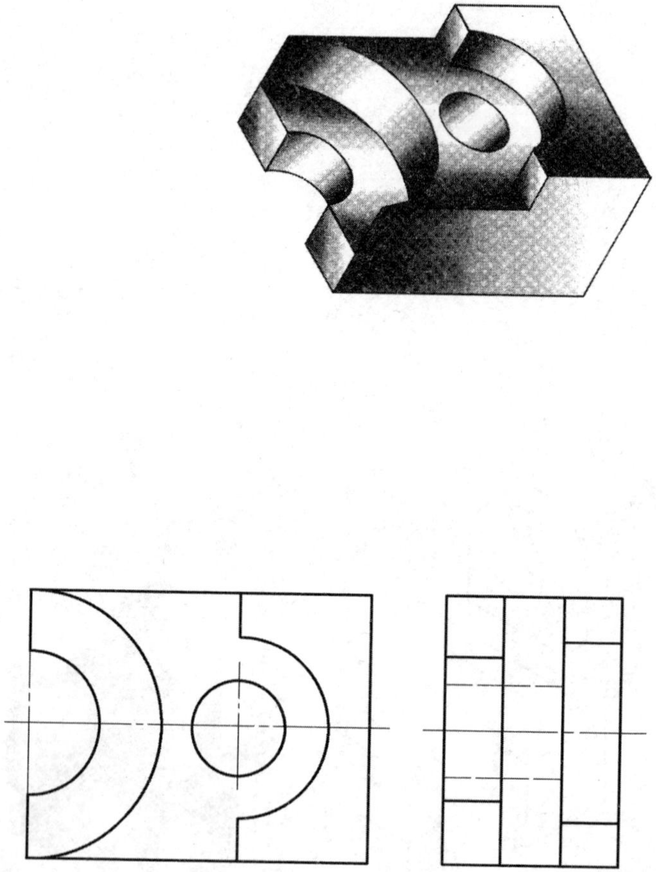

（2）

标注尺寸（数值从视图中量取，取整数）　　班级：　　姓名：

（2）

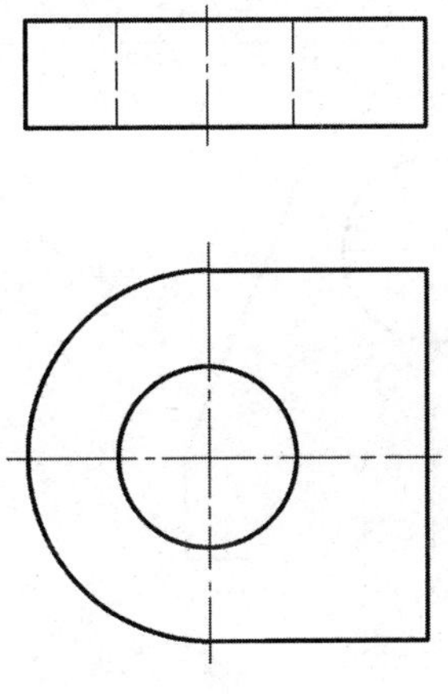

（3）

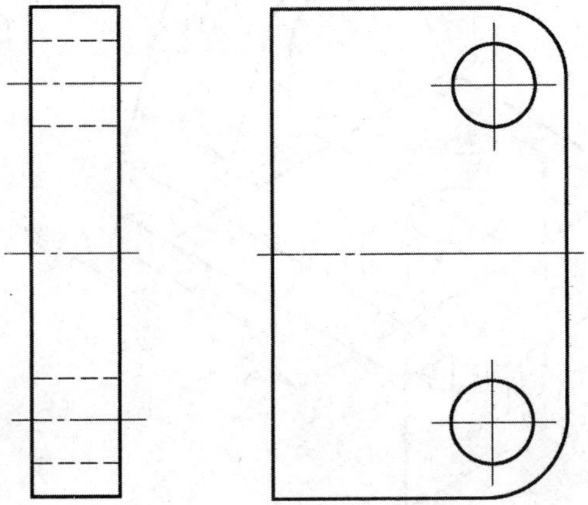

（1）

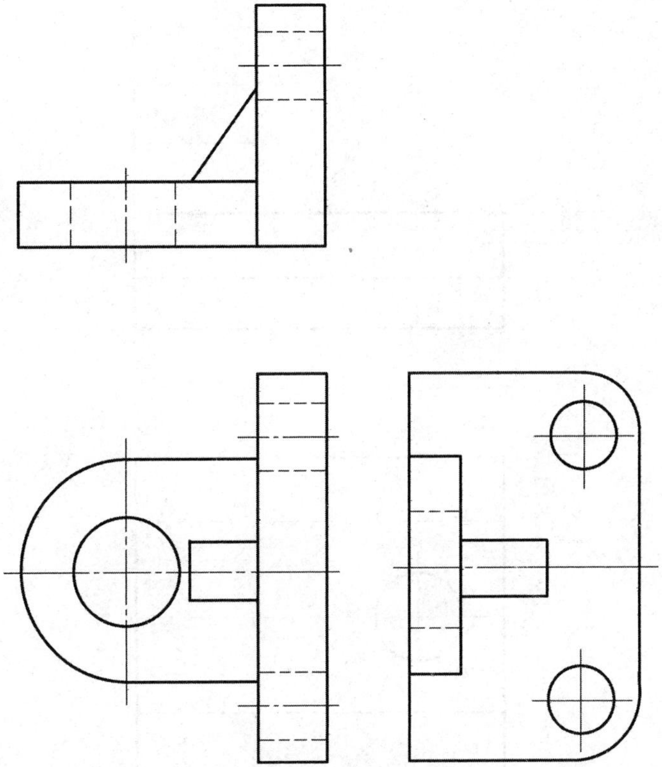

（4）

视图上的尺寸标注

班级： 姓名：

参照轴测图读懂视图后，在视图上标注尺寸。

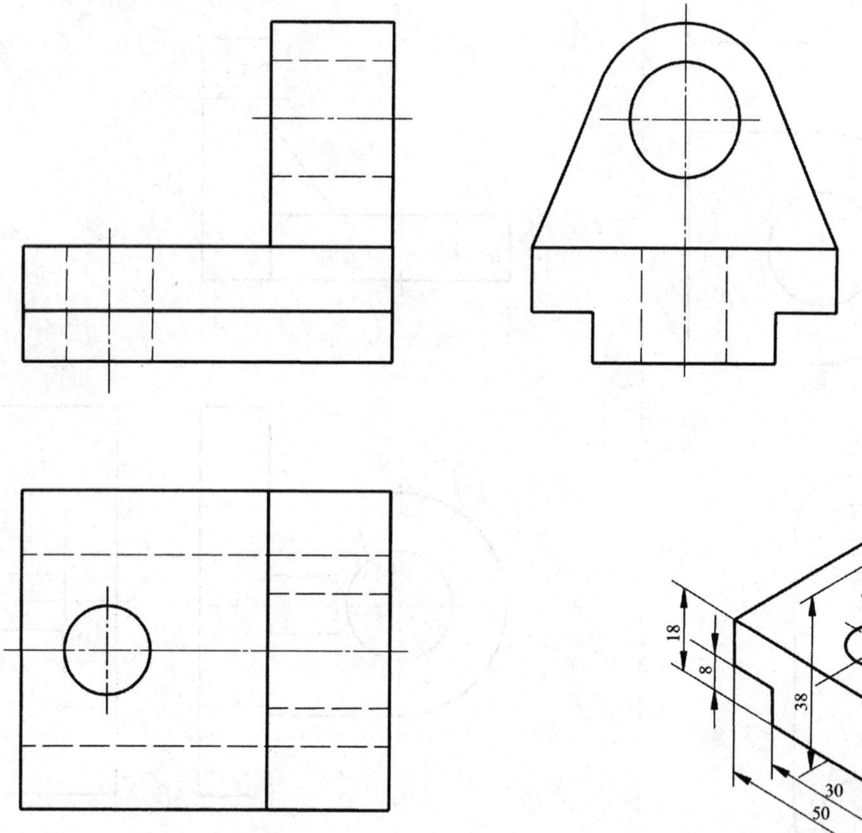

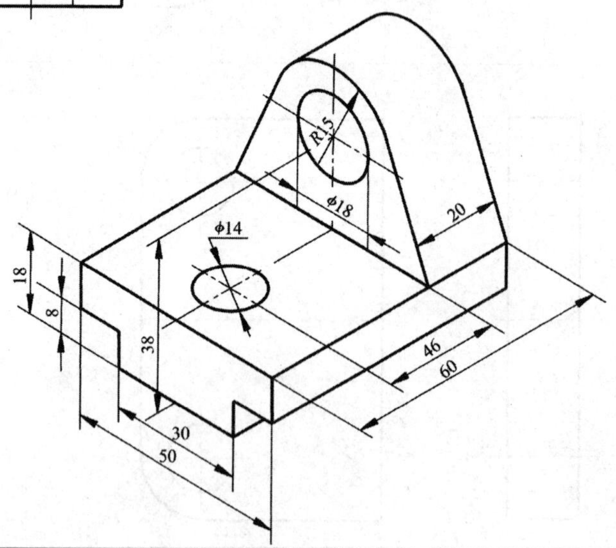

参照轴测图，补画另外两个视图（有多种答案，至少画出四个） 班级： 姓名：

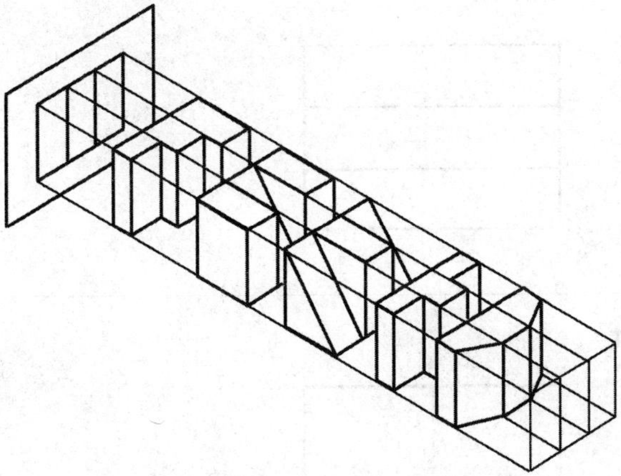

①

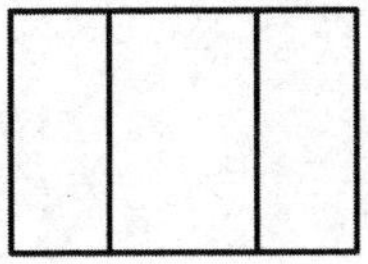

②

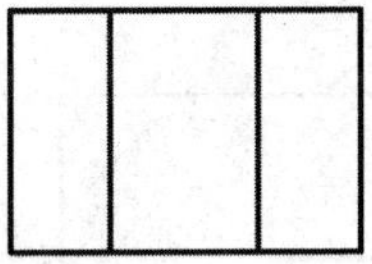

③

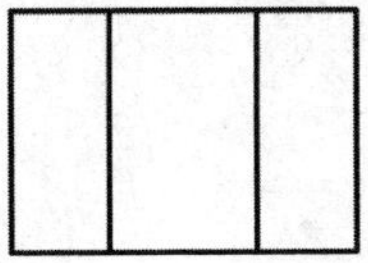

④

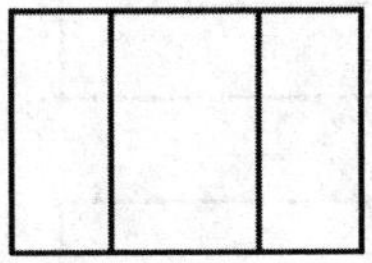

根据给定的两个视图补画左视图（有多种答案，至少画出两个）　　班级：　　姓名：

（1）

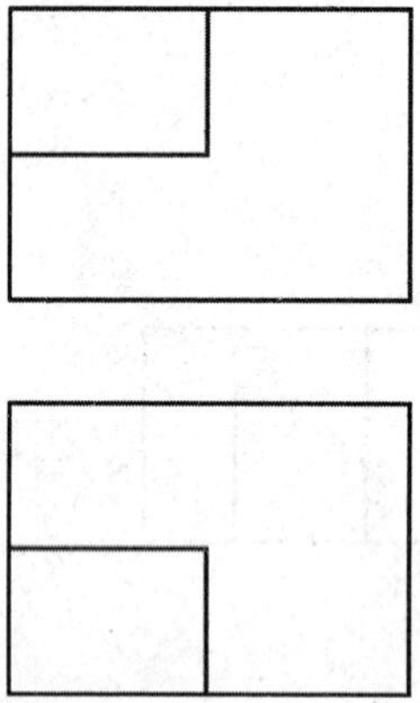

（2）

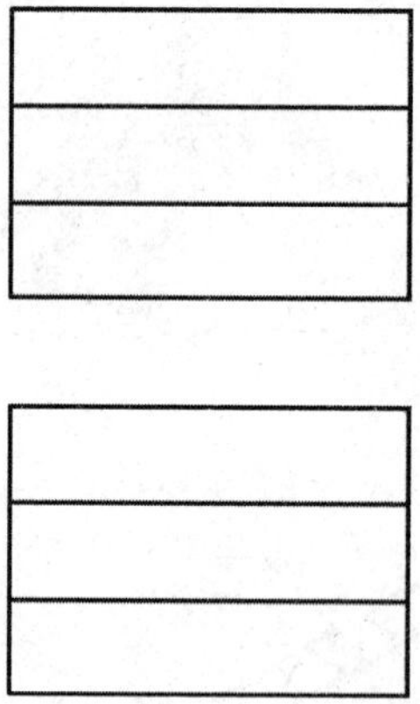

（3）

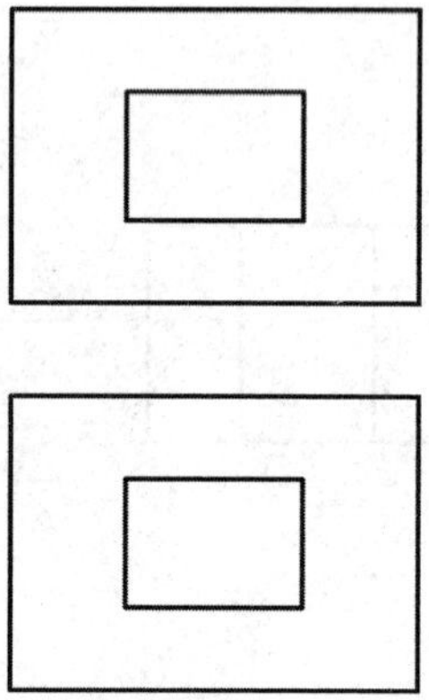

（4）

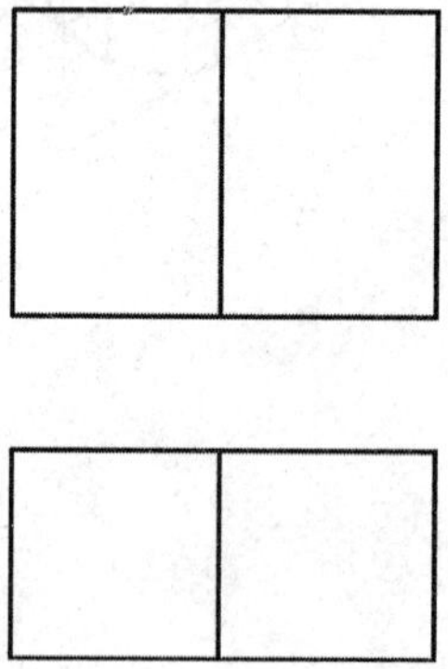

参照第一题解，分析形体上平面的相对位置，画掉错误的答案。 班级： 姓名：

（1）例

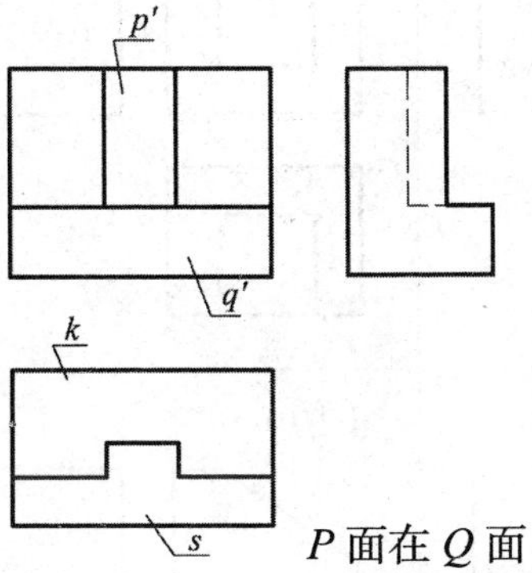

P 面在 Q 面（前、后）
K 面比 S 面（高、低）

（2）

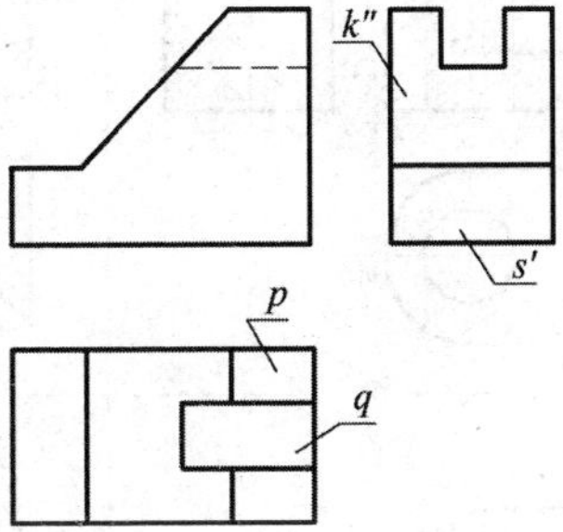

P 面比 Q 面（高、低）
K 面在 S 面（左、右）

（3）

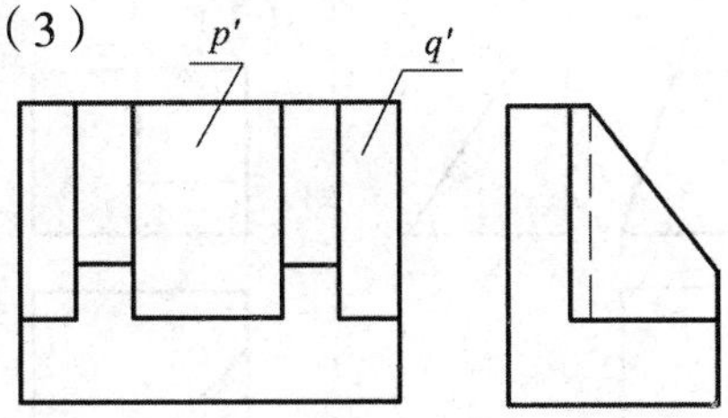

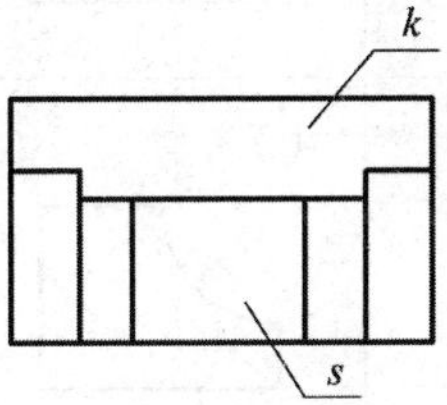

P 面在 Q 面（前、后）
K 面比 S 面（高、低）

（4）

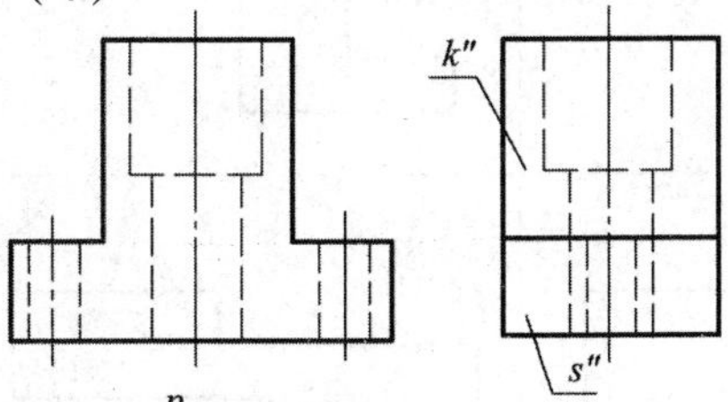

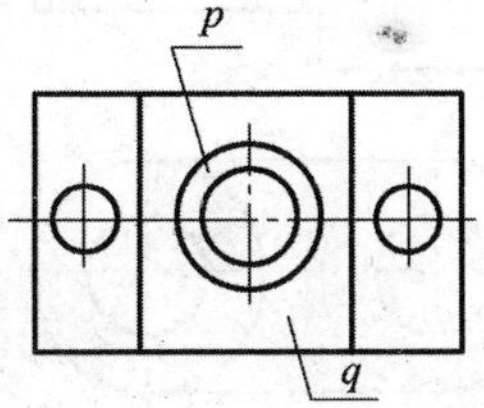

P 面比 Q 面（高、低）
K 面在 S 面（左、右）

（5）

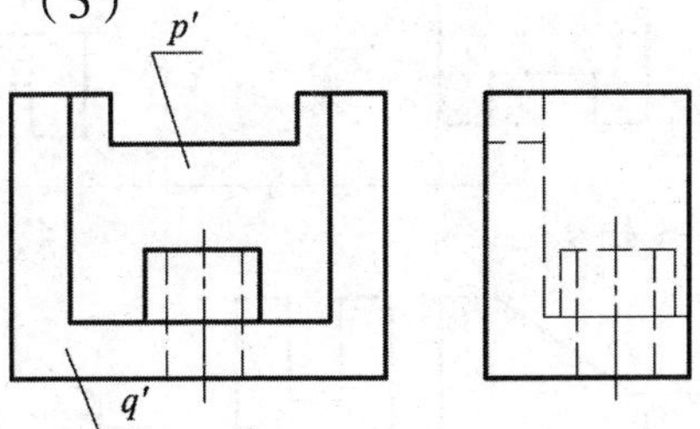

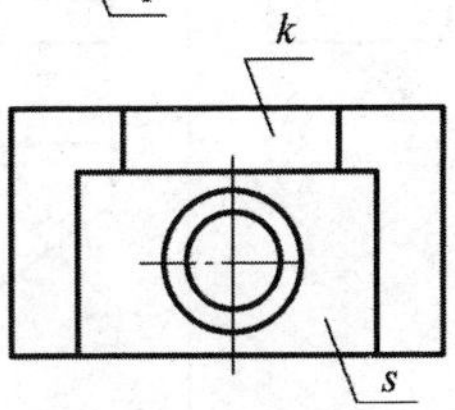

P 面在 Q 面（前、后）
K 面比 S 面（高、低）

（6）

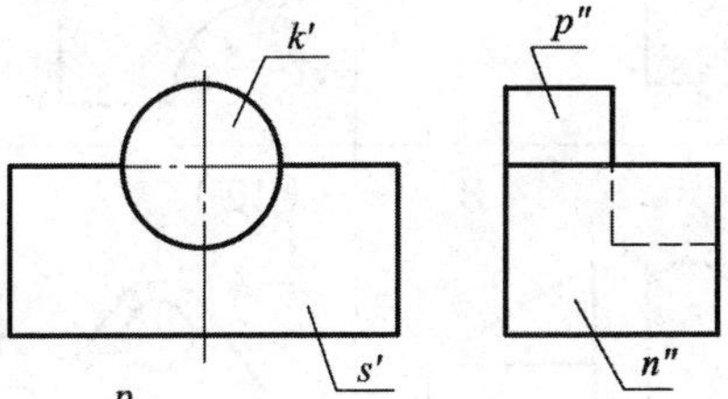

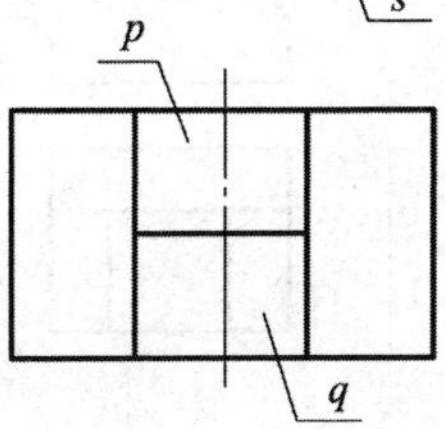

P 面比 Q 面（高、低）
K 面在 S 面（前、后）
P 面在 N 面（左、右）

根据已知视图想象出立体形状，并补画图中漏画的线条　　　　　班级：　　　　姓名：

（1）

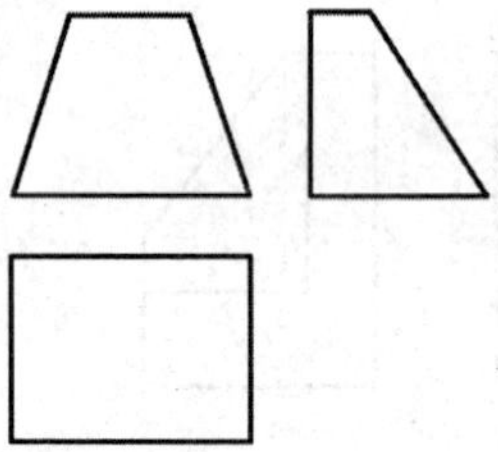

（2）

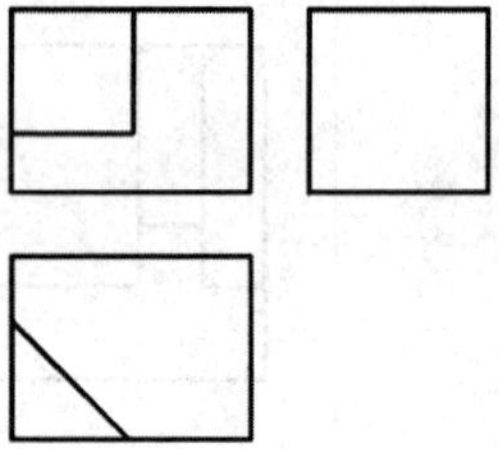

（3）

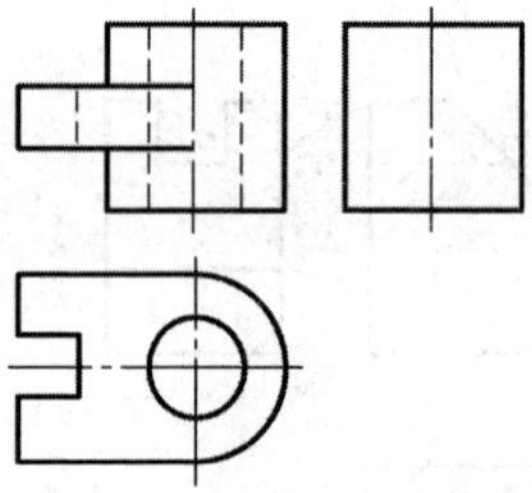

（4）

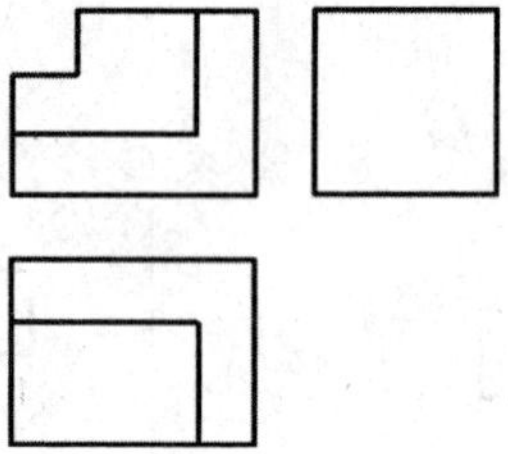

（5）

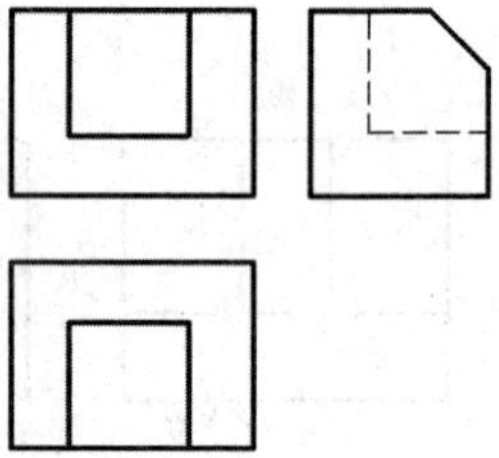

（6）

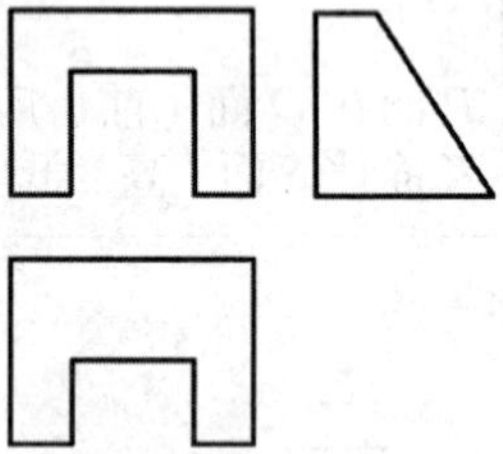

（7）

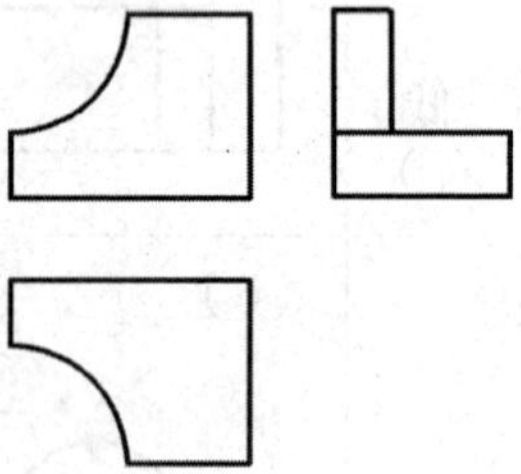

（8）

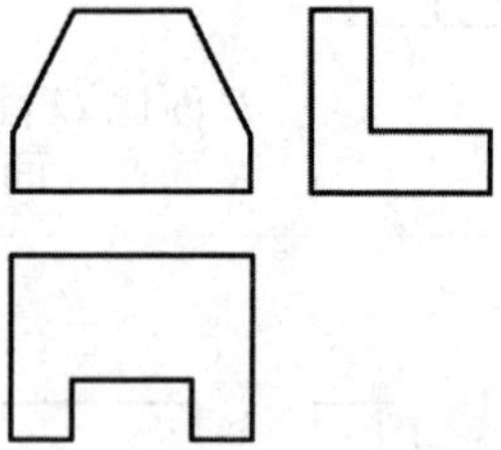

（9）

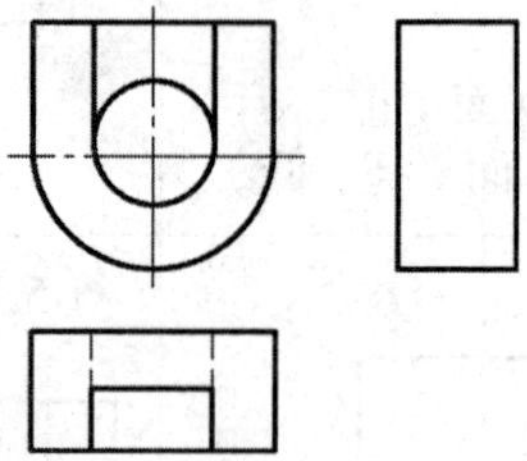

（10）

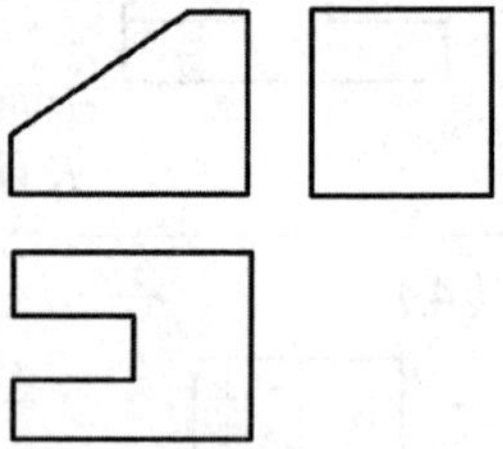

（11）

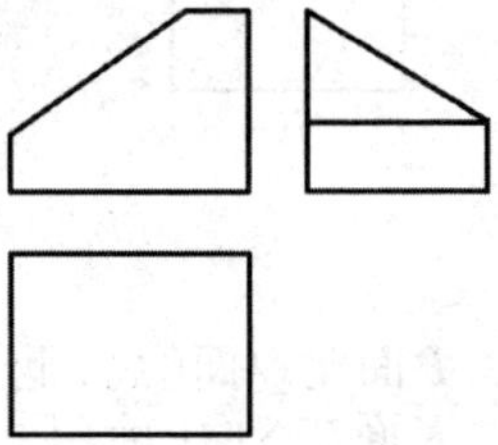

（12）

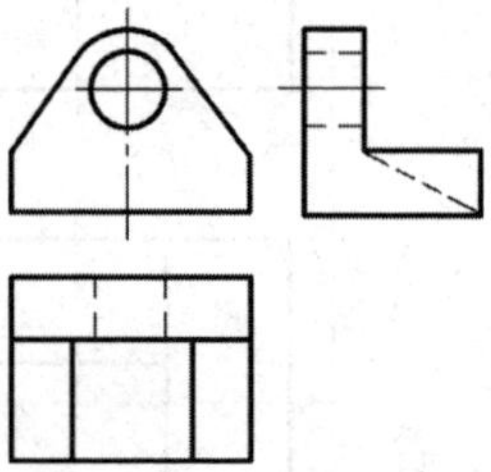

（13）

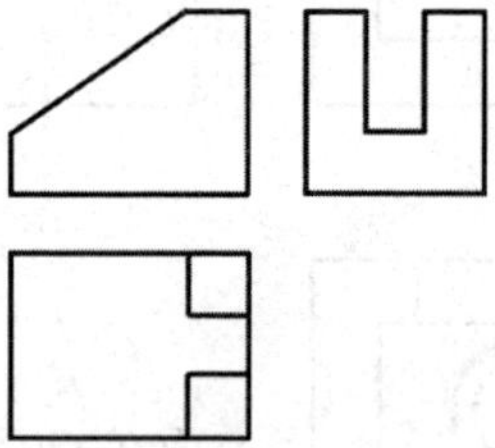

（14）

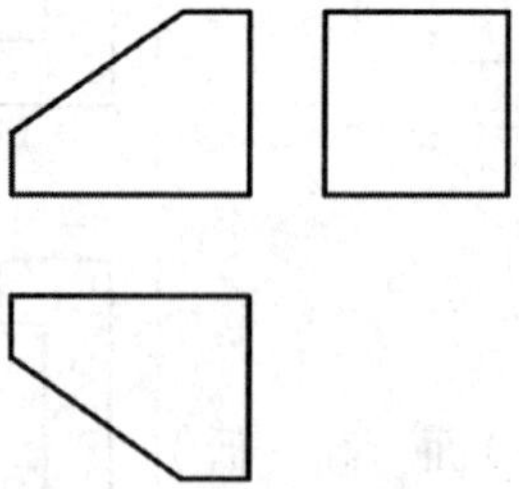

（15）

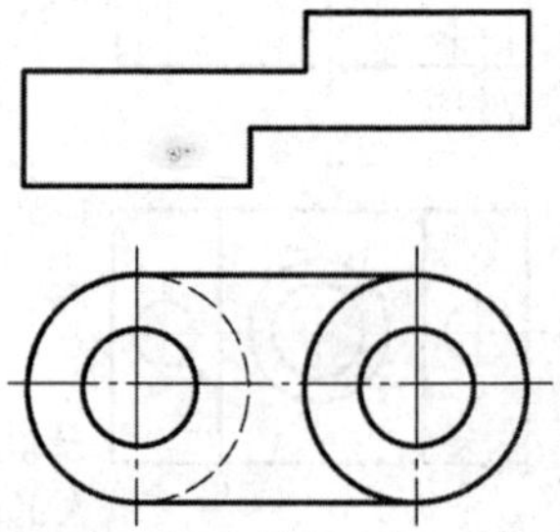

参照轴测图，补画第三视图　　　　班级：　　　　姓名：

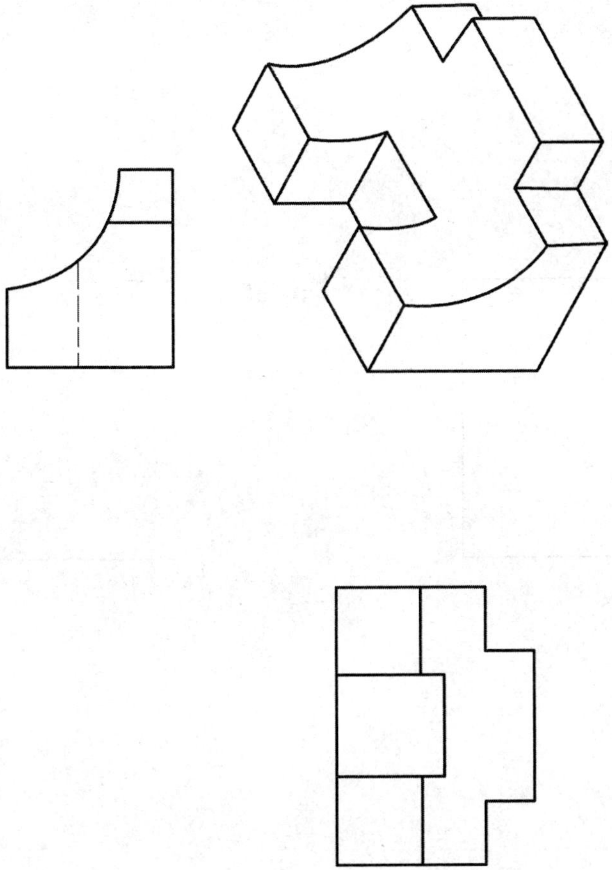

(1)

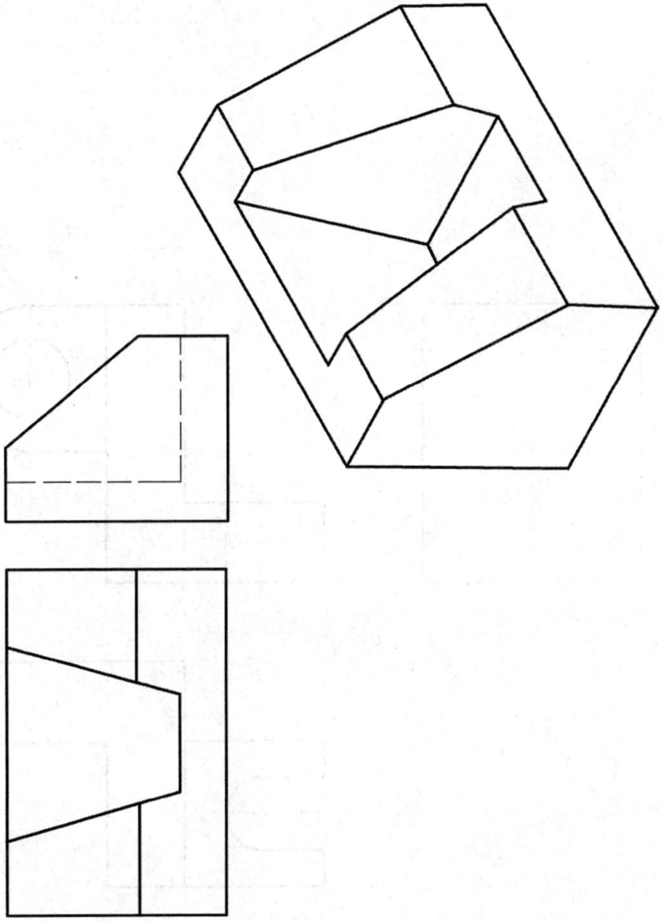

(2)

项目七　机件的表达方法

根据已给出的主、俯视图，补画出该零件的另外四个基本视图　　班级：　　姓名：

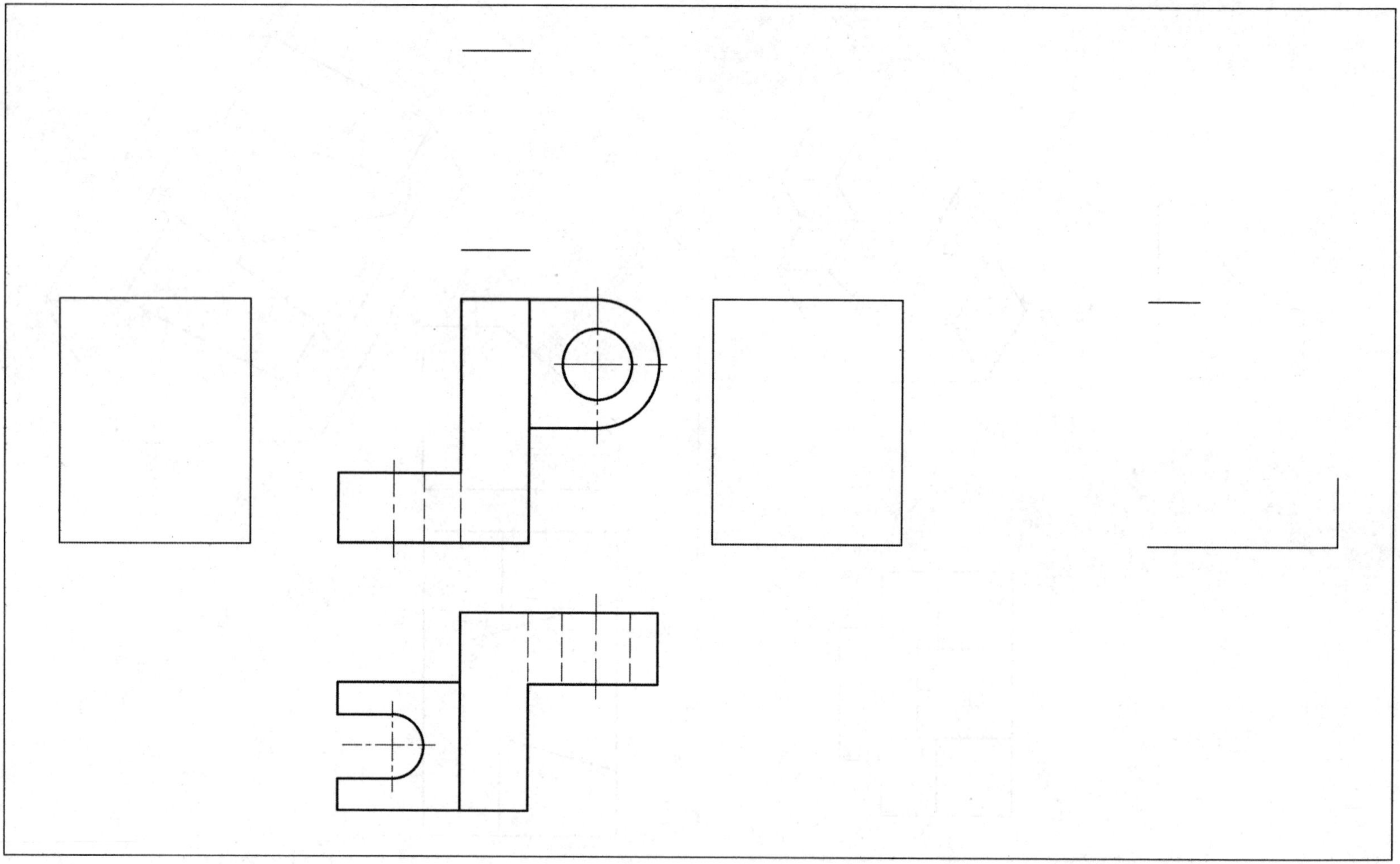

在右图内画出左图所标注的 A 向斜视图和 B 向局部视图并进行相应标注　　　　班级:　　　　姓名:

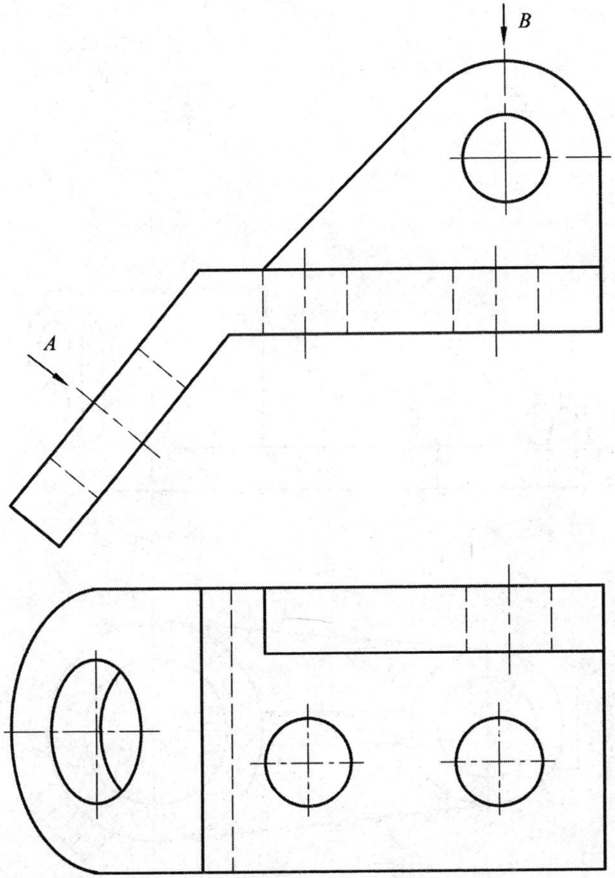

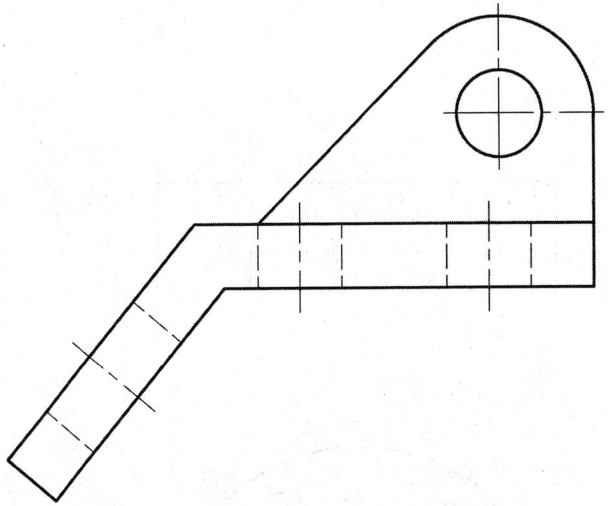

视图和局部视图

班级：　　姓名：

（1）画出 *A* 向斜视图

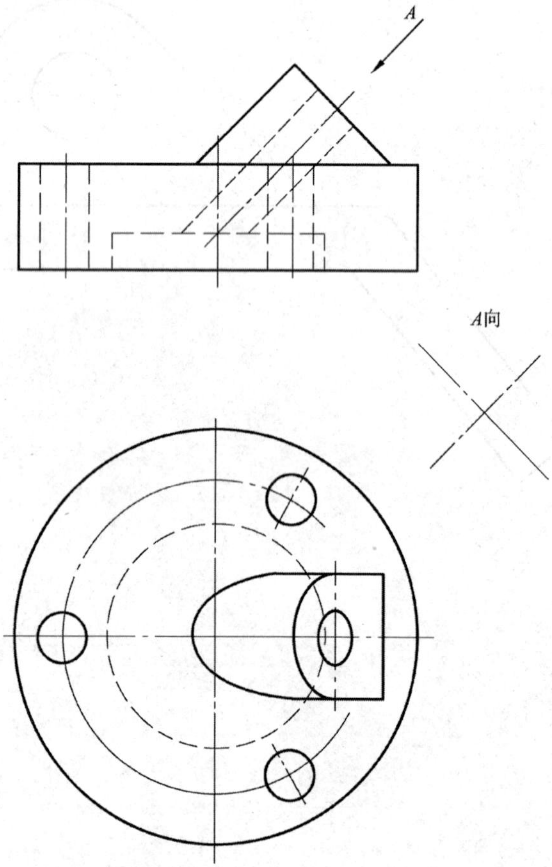

（2）画出 *A* 向斜视图和 *B* 向局部视图

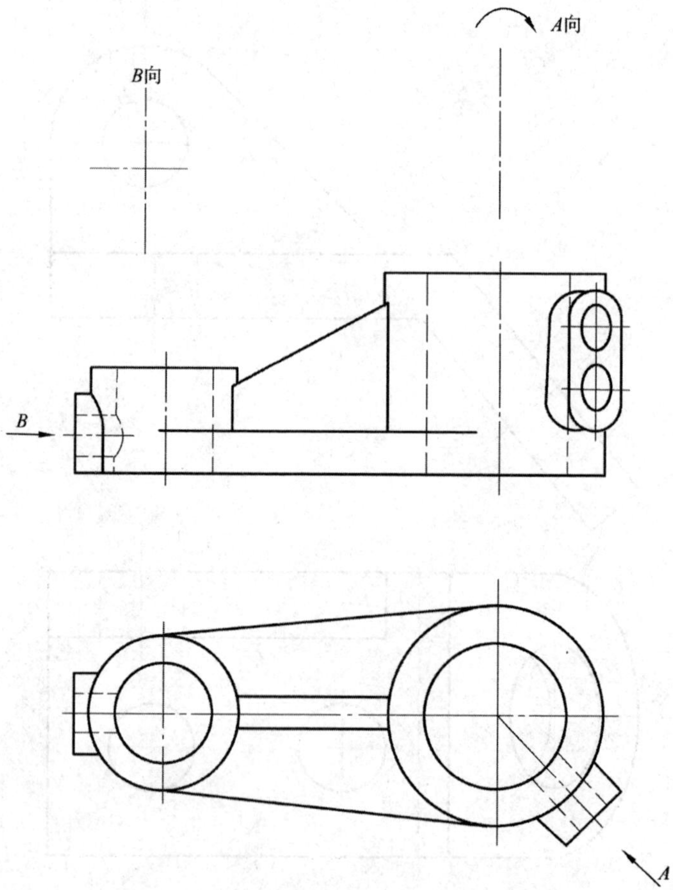

将零件的主视图画成全剖视图

班级：　　　　姓名：

（1）

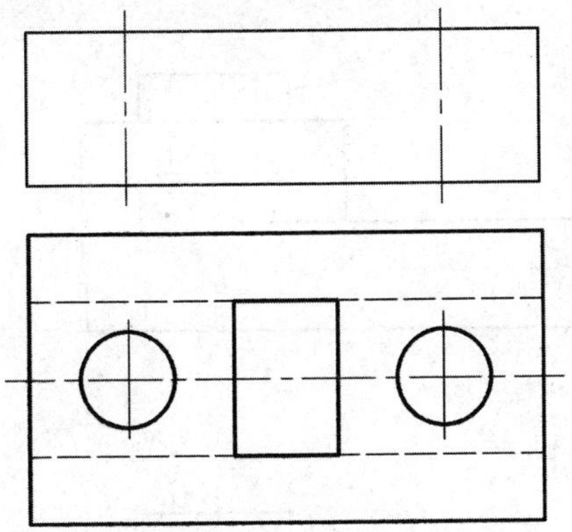

（2）

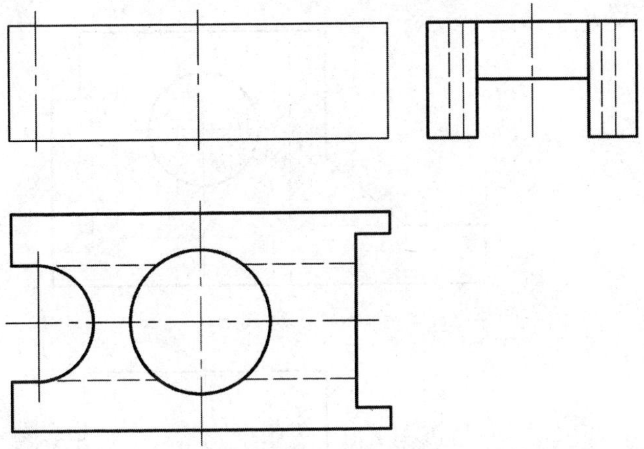

（3）

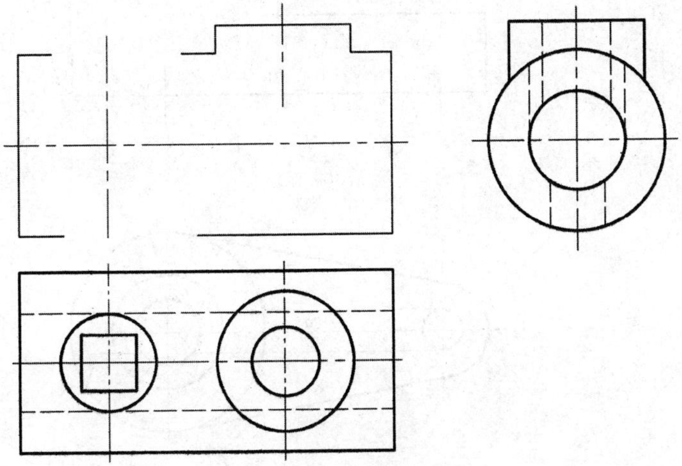

（4）

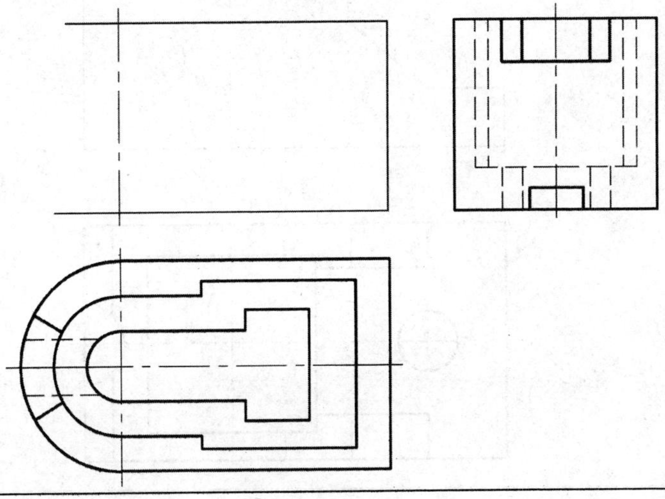

将零件的主视图画成全剖视图（续）　　　　班级：　　　姓名：

（5）

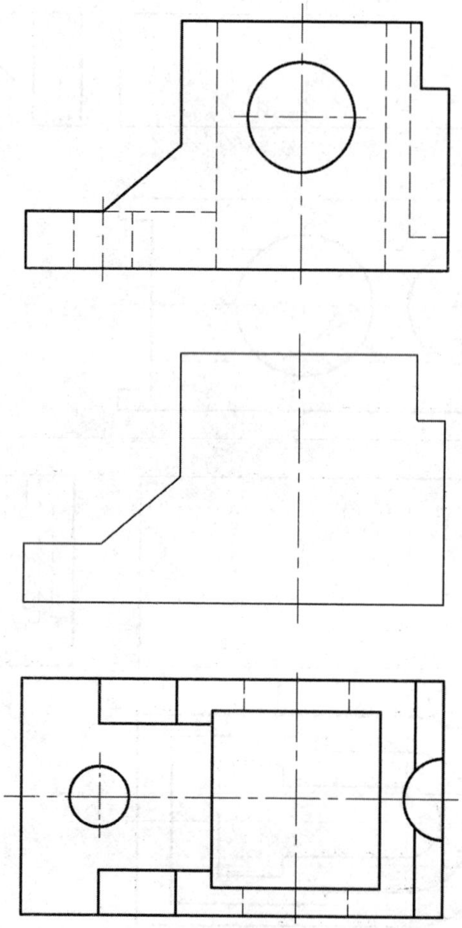

（6）

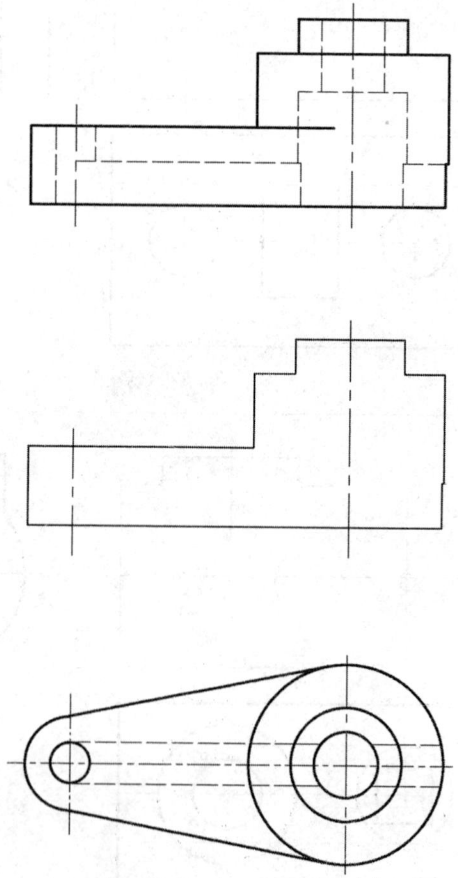

画剖视图，补全剖视图中的漏线　　　　班级:　　　　姓名:

（1）将主视图画成半剖视，左视图画成全剖视。

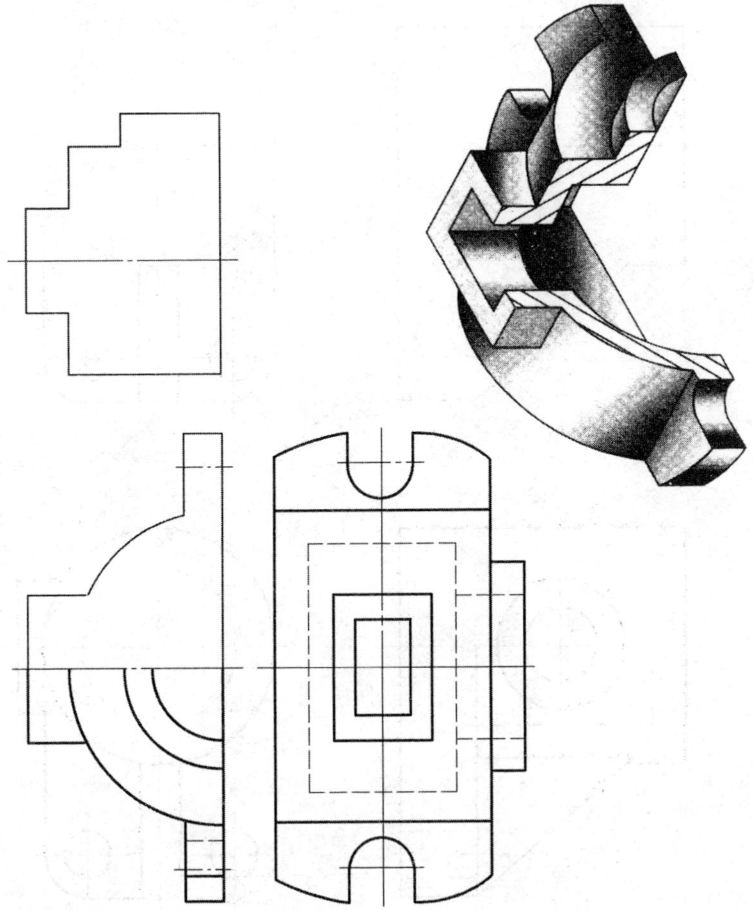

（2）补全主视图中的漏线。

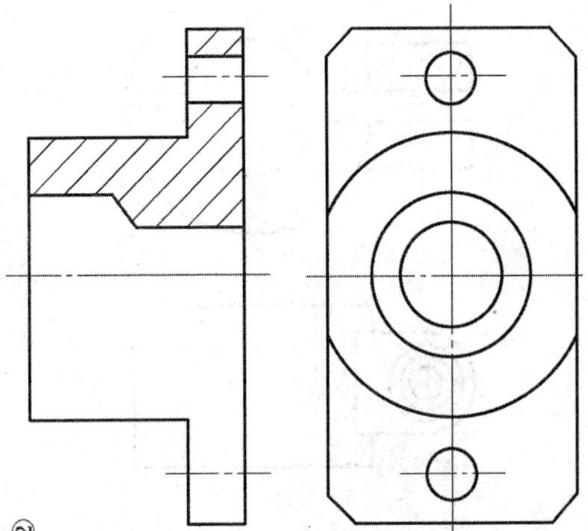

②

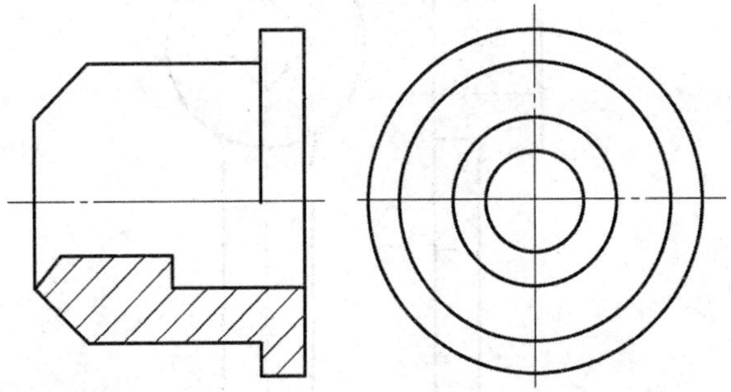

①

局部剖视图

班级：　　　　姓名：

（1）将主视图改画为局部剖视图。

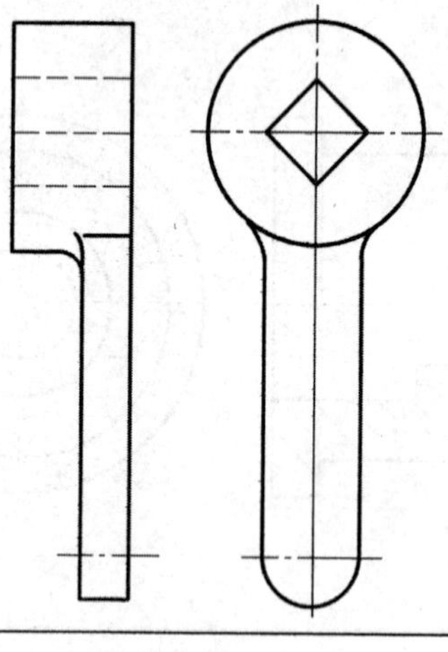

（2）将主、左视图改画为局部剖视图。

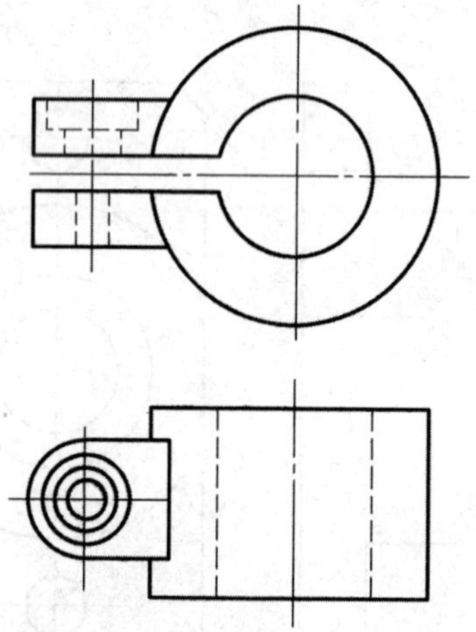

（3）在给出位置画主、俯局部剖视图。

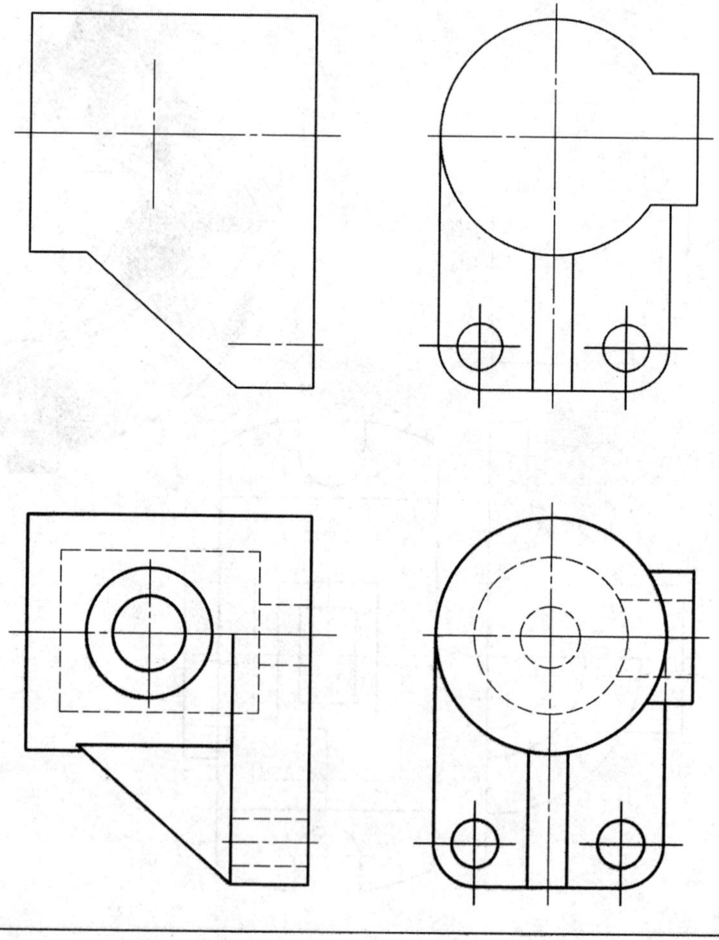

单一剖切面

班级：　　　　姓名：

（1）作 *A—A* 全剖视图。

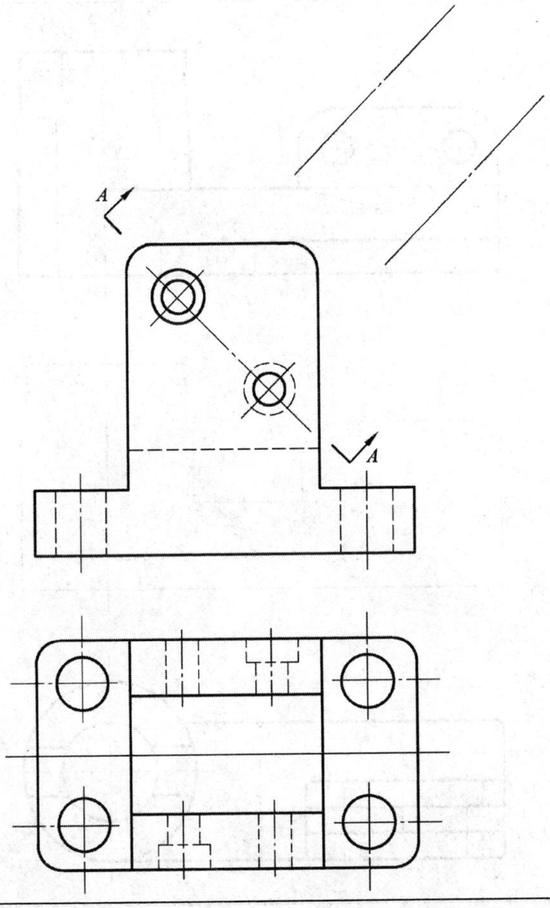

（2）作 *A—A* 全剖视图。

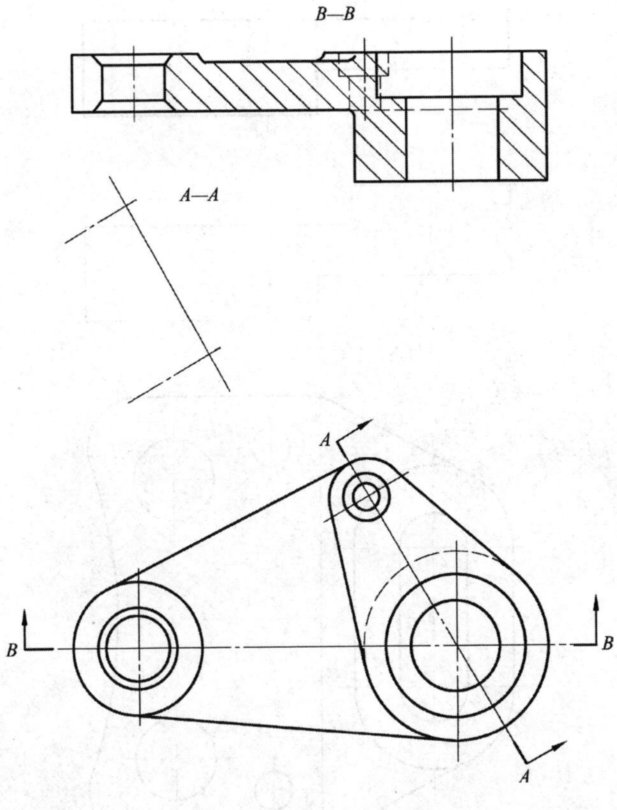

剖视图

班级：　　　　姓名：

将零件的主视图改画成全剖视图。

（1）

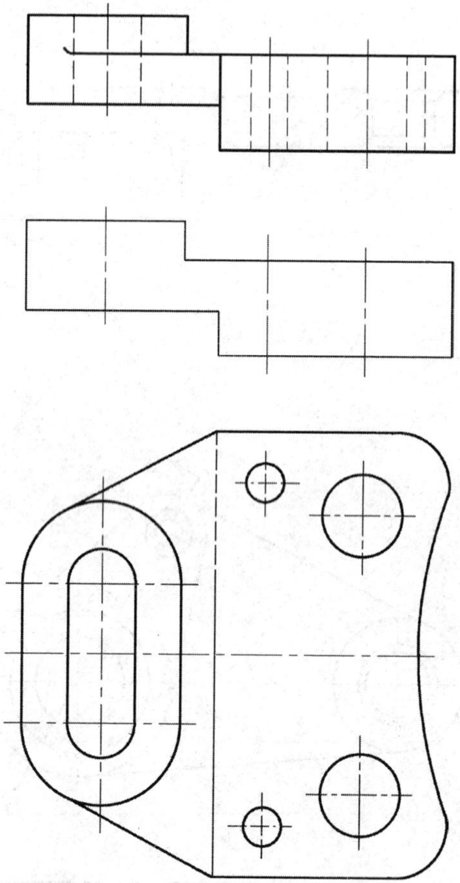

（2）

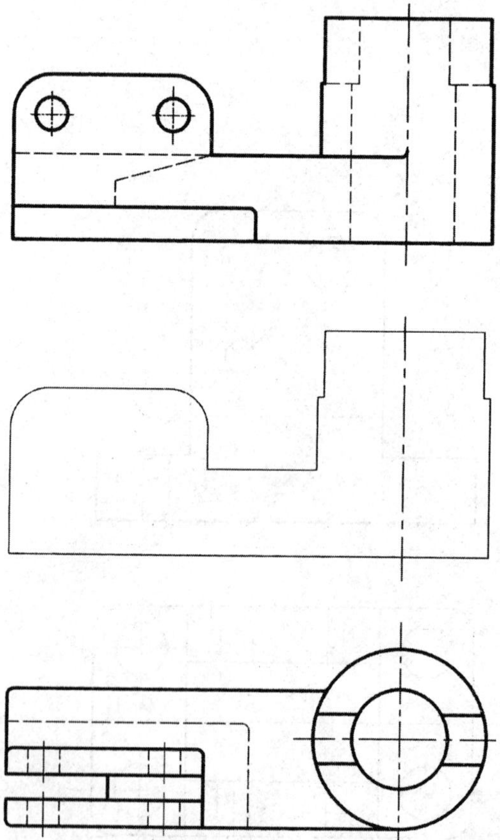

用几个相交的剖切平面将视图画成全剖视图

班级：　　　　　　姓名：

（1）

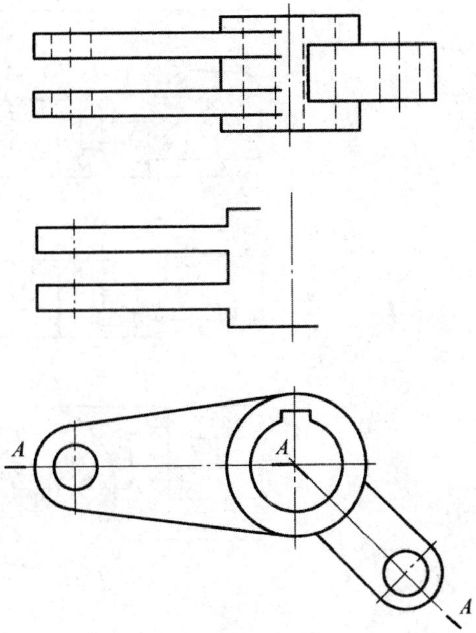

（2）

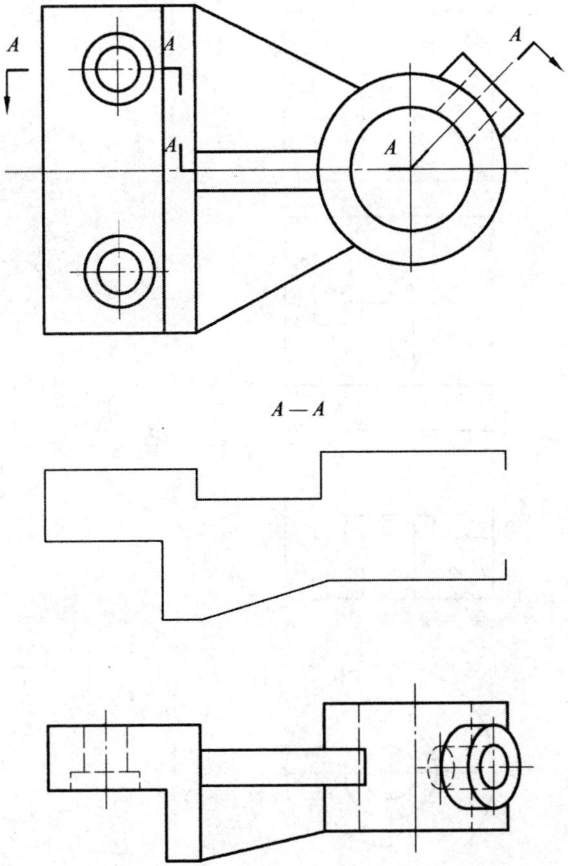

选择正确的主视图　　　　　　　　　　　　　　　　　　　　　　班级：　　　　　　姓名：

（1）

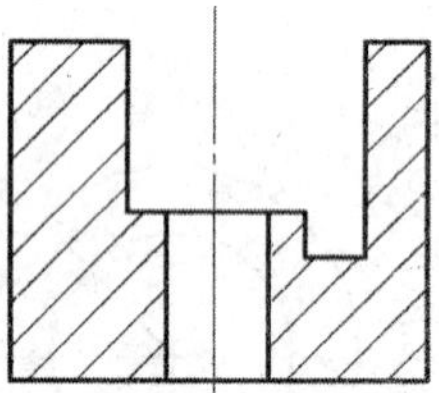

（　）

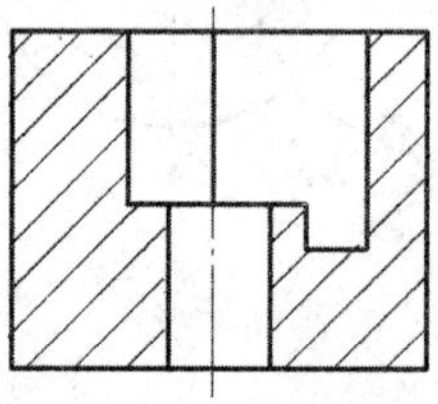

（　）

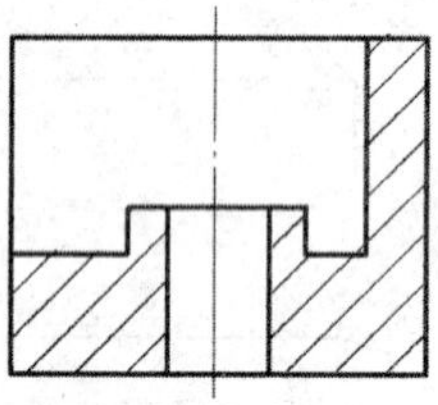

（　）

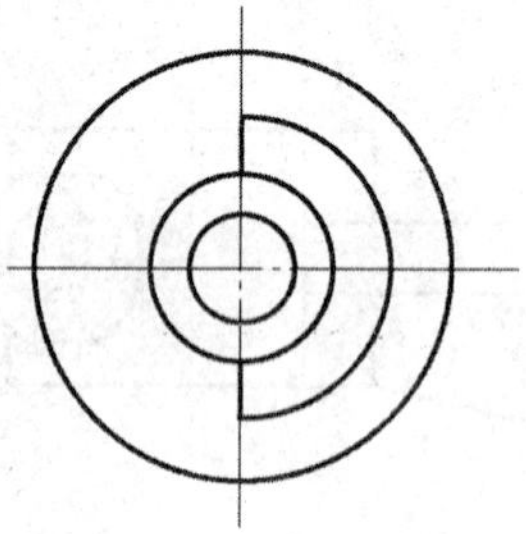

（2）

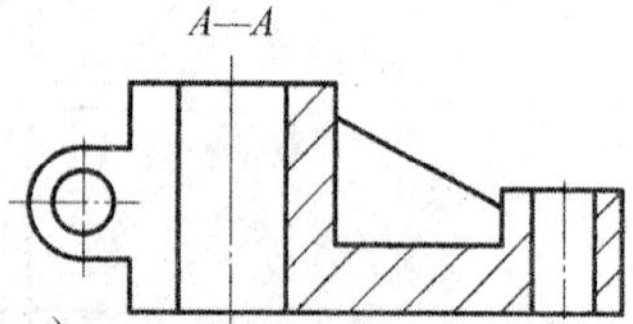

（　）

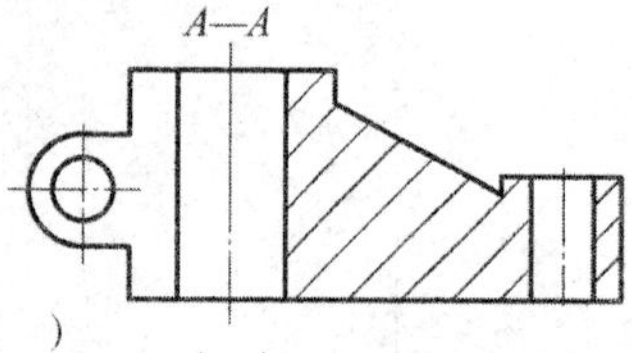

（　）

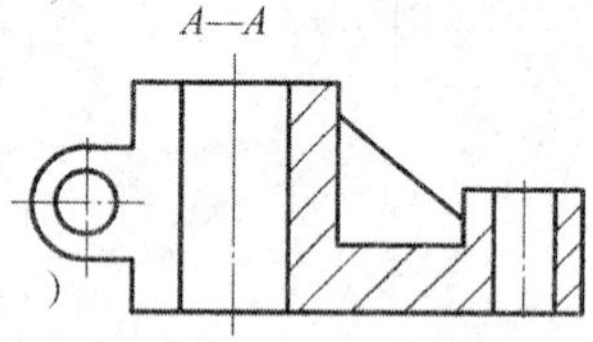

（　）

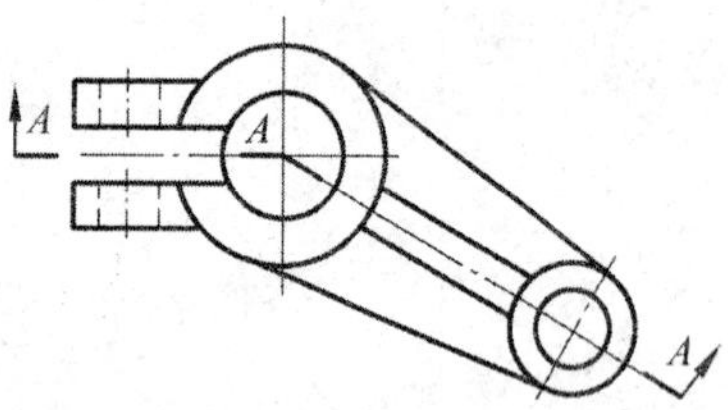

（3）

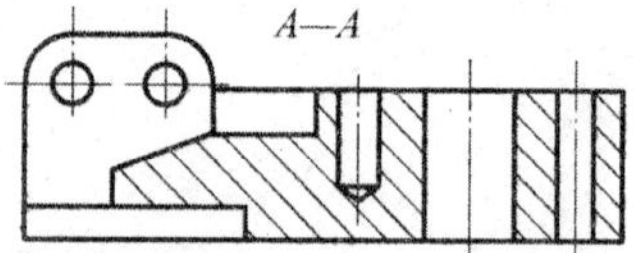

（　）

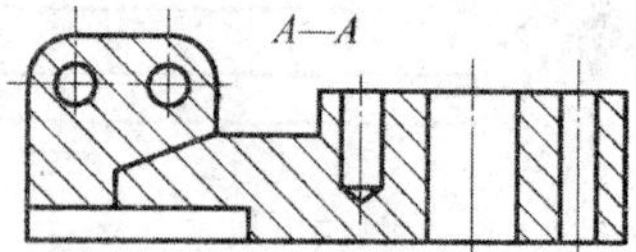

（　）

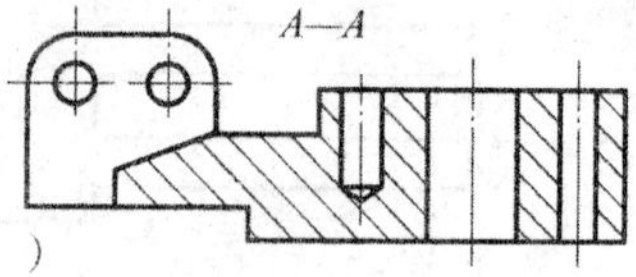

（　）

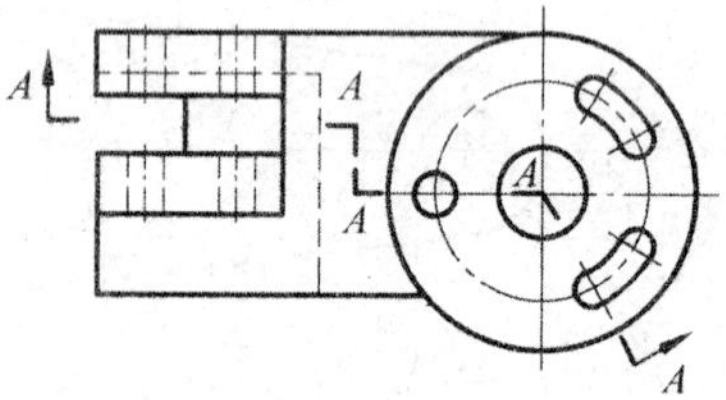

断面

班级：　　　　姓名：

画出指定的断面图（左面键槽深 4 mm，右面键槽深 3 mm）。

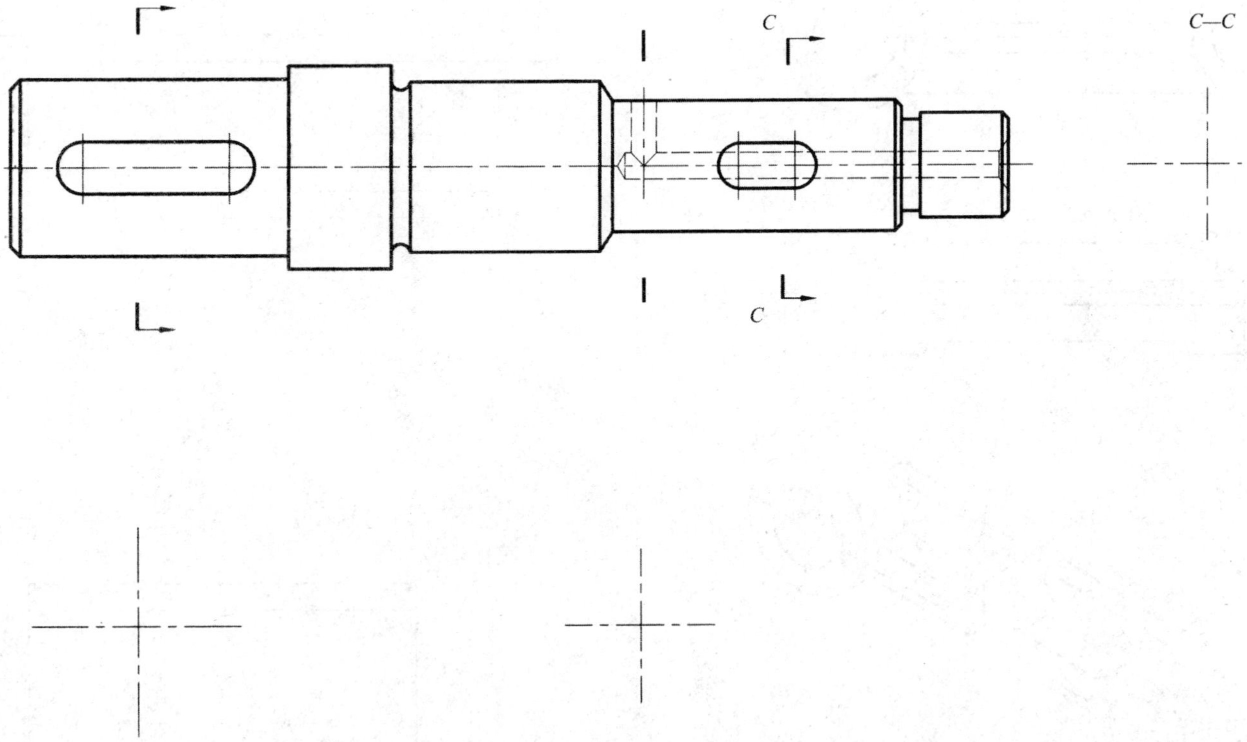

作重合断面图

班级：　　　　　　姓名：

（1）参照轴测图，在给出位置作重合断面。

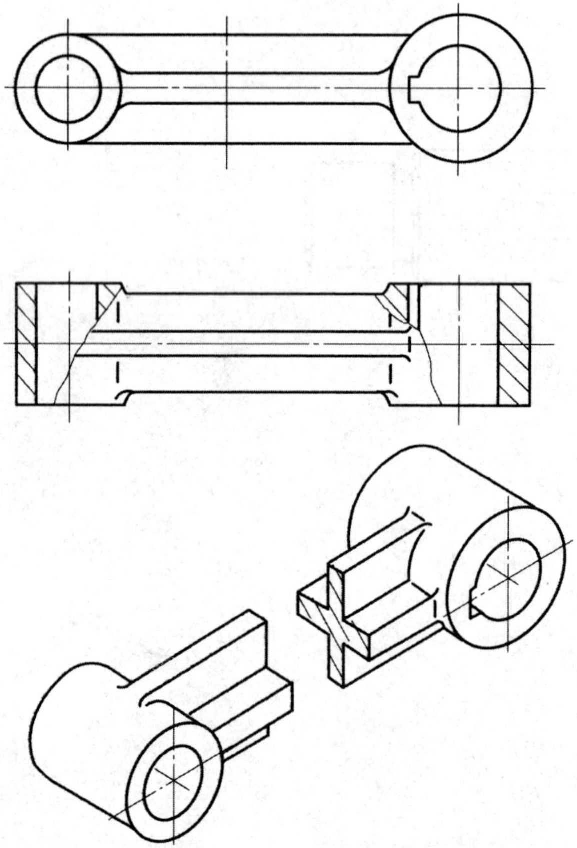

（2）参照ⓐ图，在ⓑ图中画重合断面图。

ⓐ

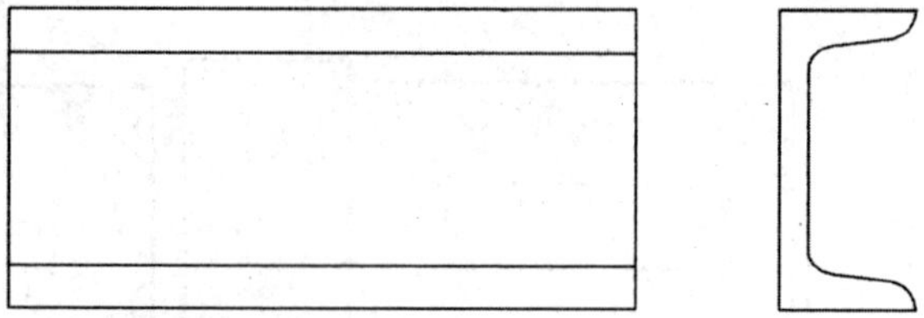

ⓑ

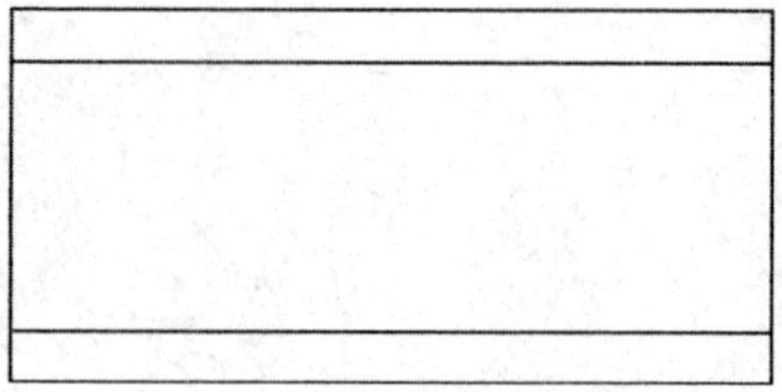

选择断面图

班级：　　　　　　姓名：

（1）找出正确的断面，在括号内正确的画“√”，错误的画“×”。

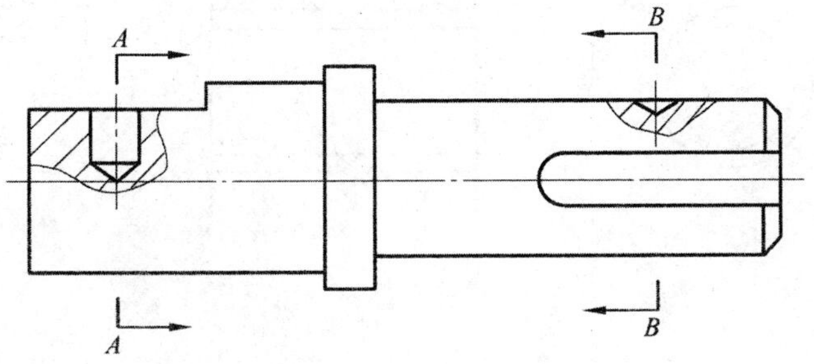

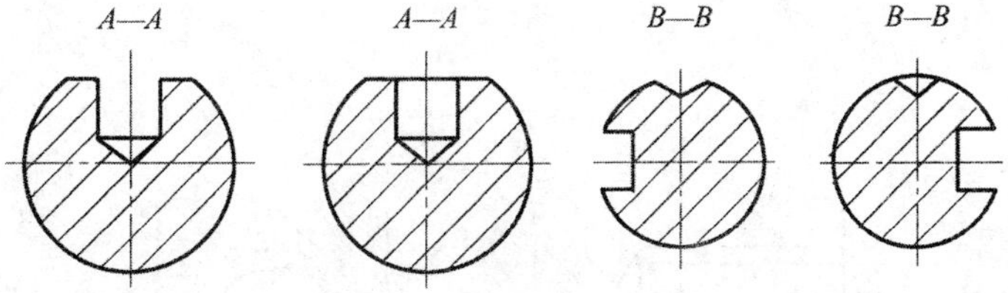

（　　）　（　　）　（　　）　（　　）

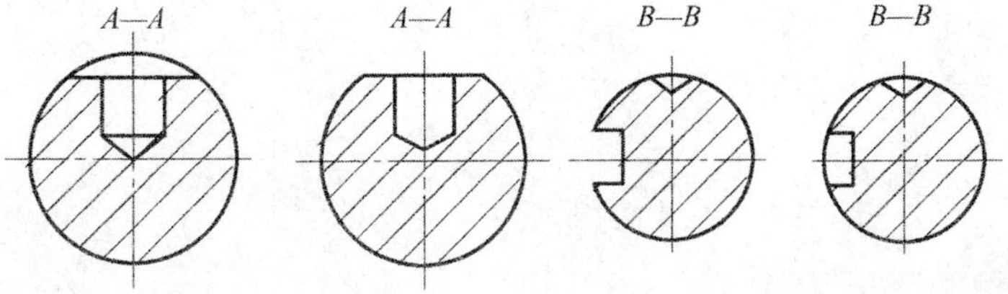

（　　）　（　　）　（　　）　（　　）

（2）找出对应的断面图形，并作标注。

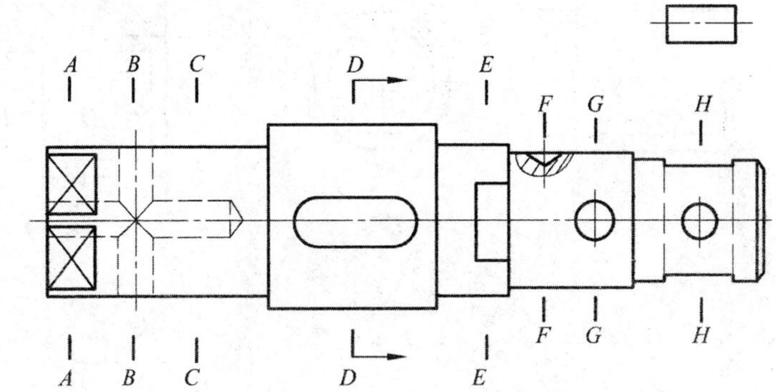

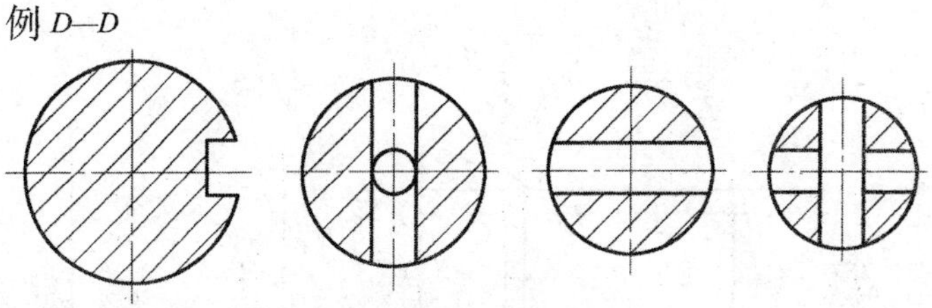

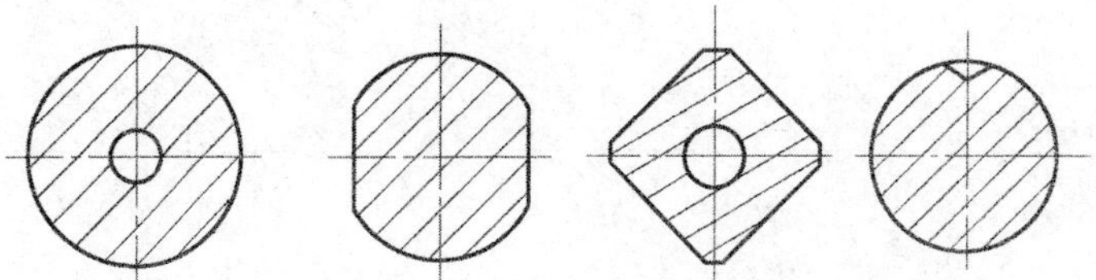

项目八　常用件

分析图中的错误，并在指定位置画出正确图形　　　　班级：　　　　姓名：

(1)

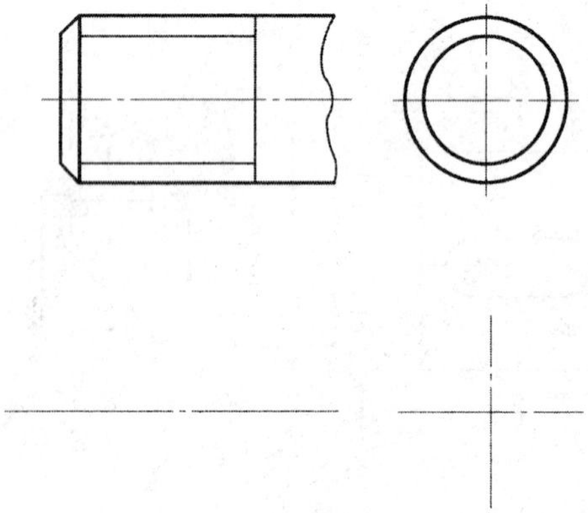

(2)

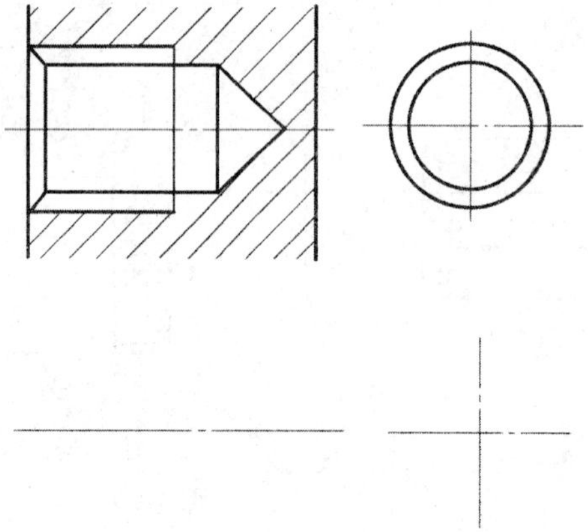

(3)

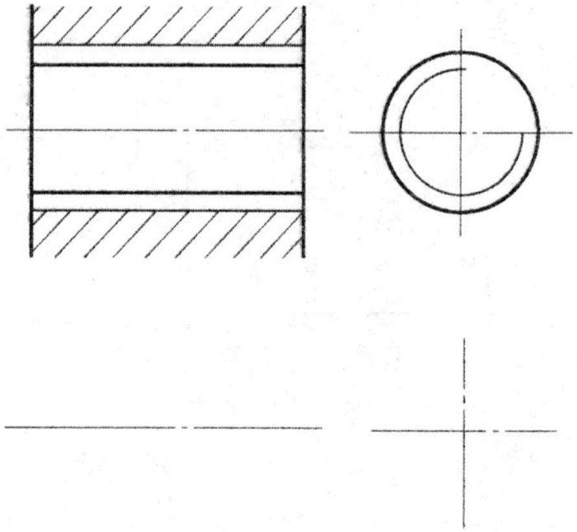

(4)

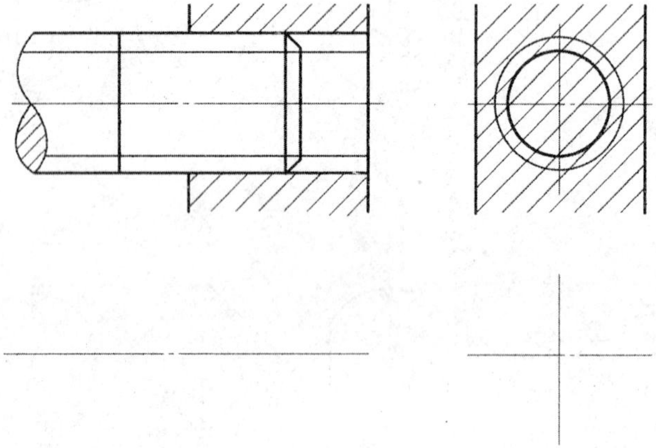

(5)

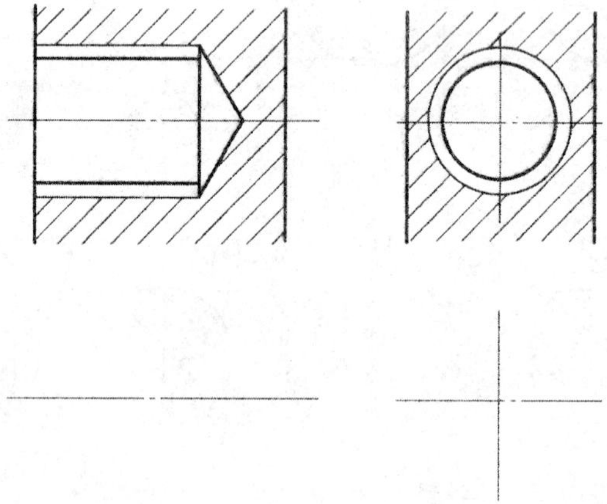

根据给定的螺纹要素，标注螺纹的规定标记

班级：　　　　　　姓名：

（1）普通螺纹：d=24，右旋，中径公差带5 g，顶径公差带6 g，中等旋合长度。

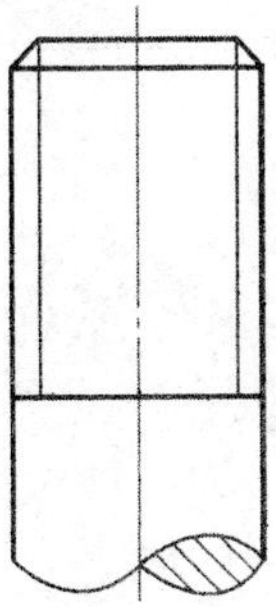

（2）普通螺纹：d=26，P=1.5，右旋，中径、顶径公差带6 h，旋合长度40 mm。

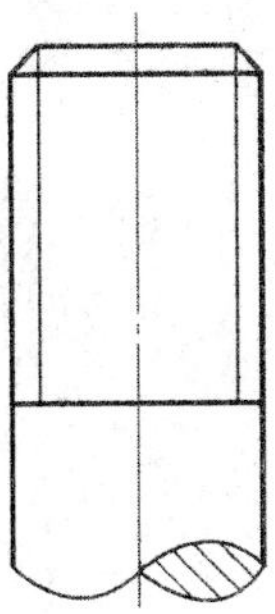

（3）非螺纹密封管螺纹，尺寸代号3/4，右旋，螺纹中径公差等级A。

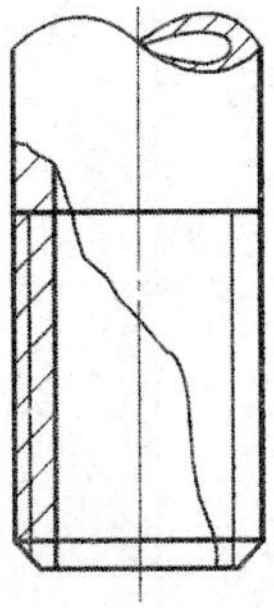

（4）梯形螺纹d=20，P_h=14，双线，左旋，中径公差带为8 e，旋合长度为L。

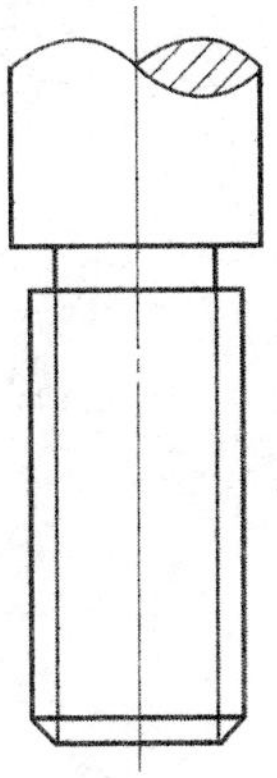

（5）55°密封管螺纹，尺寸代号1/2，右旋。

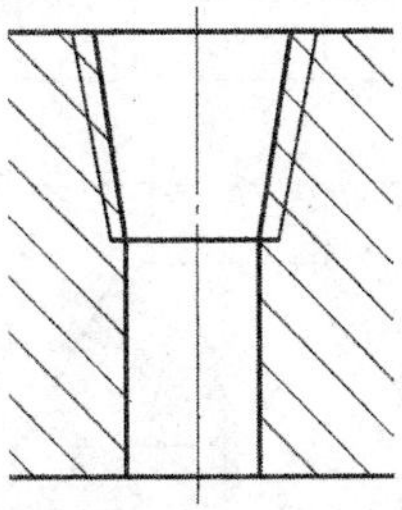

（6）锯齿形螺纹D=40，P=5，左旋，中径公差带7 H，单线，中等旋合长度。

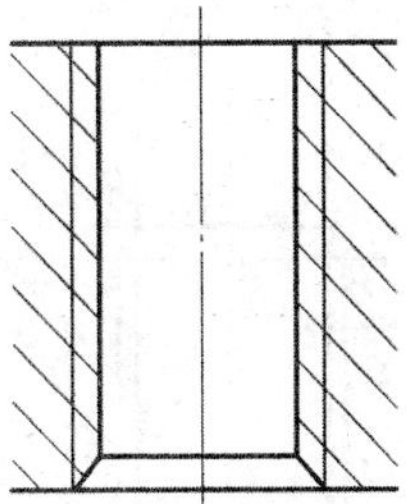

分析螺栓、螺钉连接图中的错误，并在指定位置画出正确的图形　　班级：　　姓名：

(1)

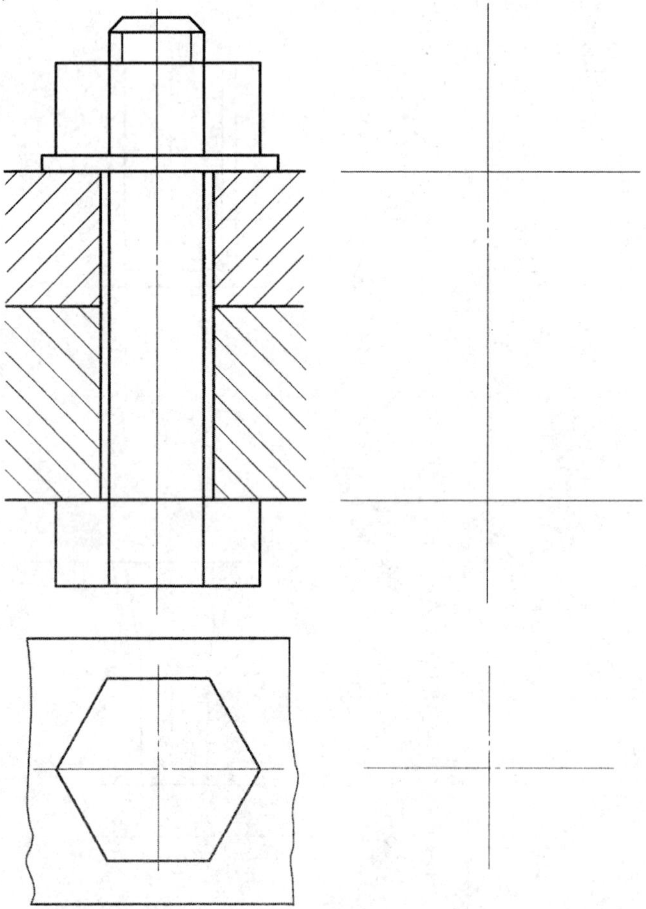

(2)

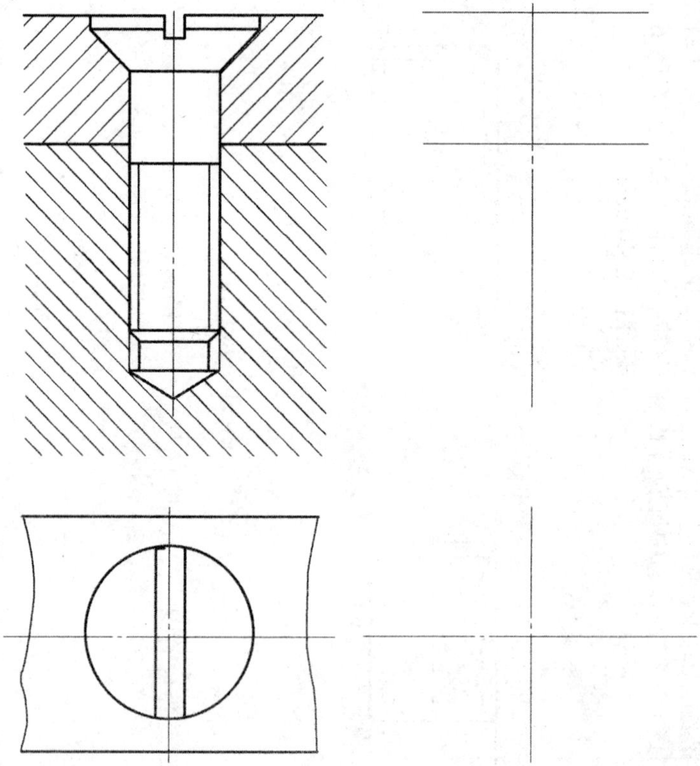

分析管螺纹、螺柱连接图中的错误，并在指定的位置画出正确的图形　　班级：　　姓名：

（1）

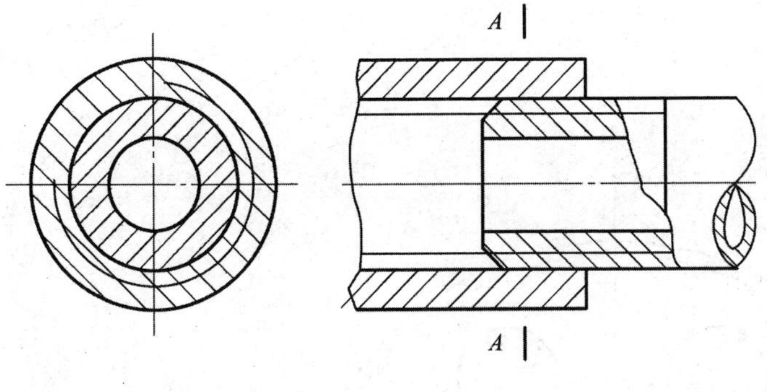

A—A

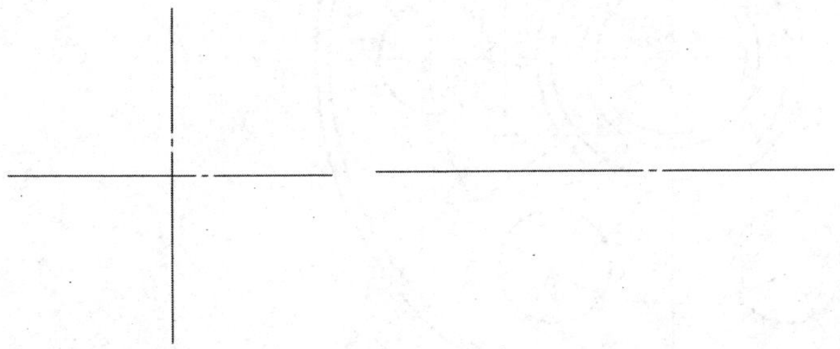

（2）

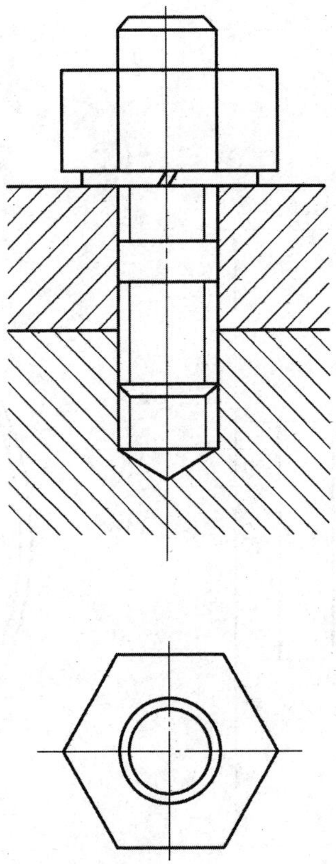

齿轮画法练习

班级：　　　　姓名：

（1）已知直齿圆柱齿轮 $m=5$，$z=40$，计算该齿轮的分度圆、齿顶圆和齿根圆的直径。用 1 ∶ 2 完成下列两视图，并注尺寸（倒角 $C2$）。

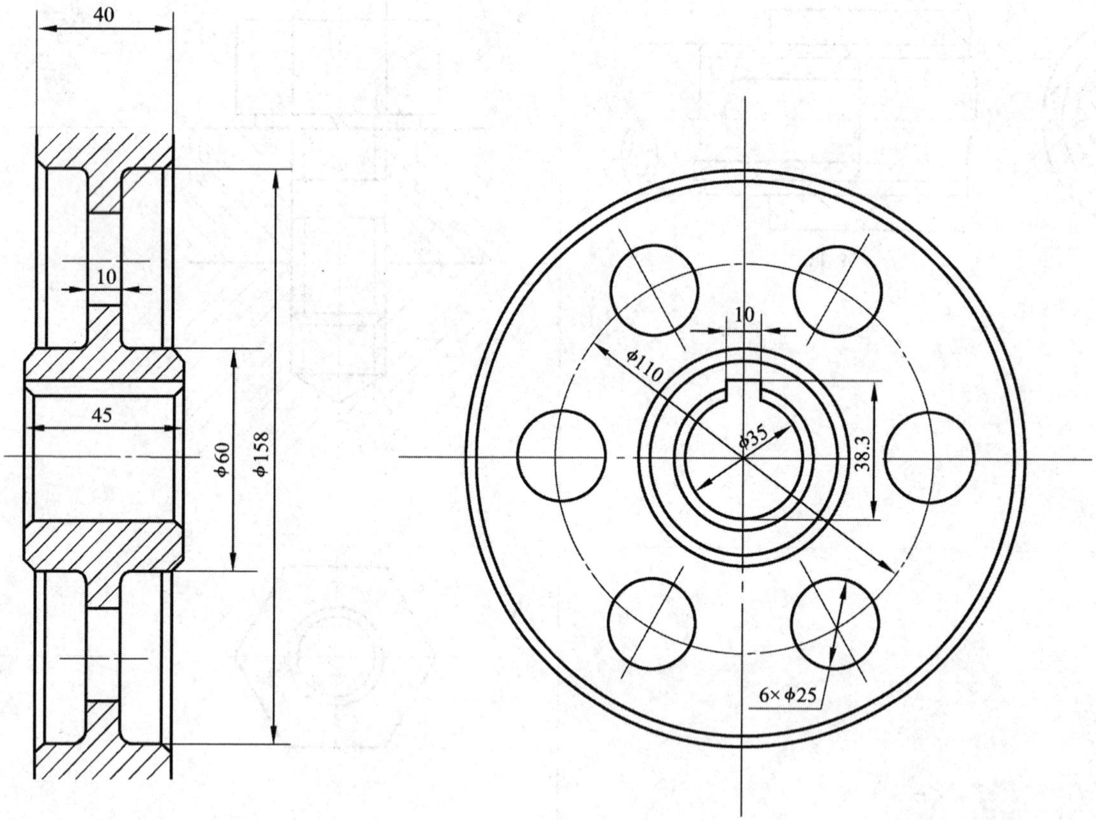

齿轮画法练习（续）

班级：　　　　姓名：

（2）已知大齿轮 m=4，齿数 z_2=38，两齿轮的中心距 a=104 mm，试计算大小两齿轮的分度圆、齿顶圆和齿根圆的直径。并完成直齿圆柱齿轮的啮合图（1 ：2）。

小齿轮

分度圆 d_1=
齿顶圆 d_{a1}=
齿根圆 d_{f1}=

大齿轮

分度圆 d_2=
齿顶圆 d_{a2}=
齿根圆 d_{f2}=

传动比 i=

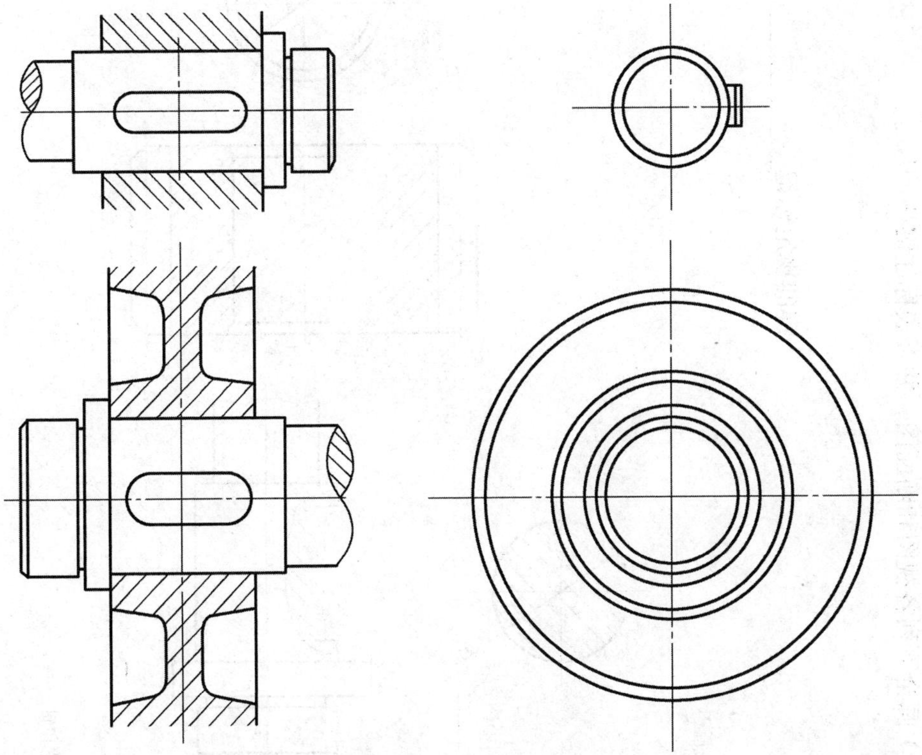

链连接

班级：　　　　姓名：

已知齿轮和轴用 *A* 型圆头普通平键连接，孔直径为 40 mm，键的长度为 40 mm。

（1）写出键的规定标记；

（2）画全下列各视图和断面图，并查表标注键槽的尺寸。

键的规定标记________________

轴

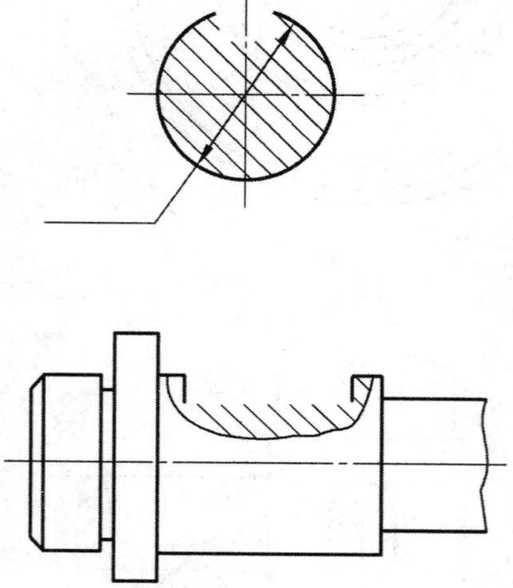

齿轮

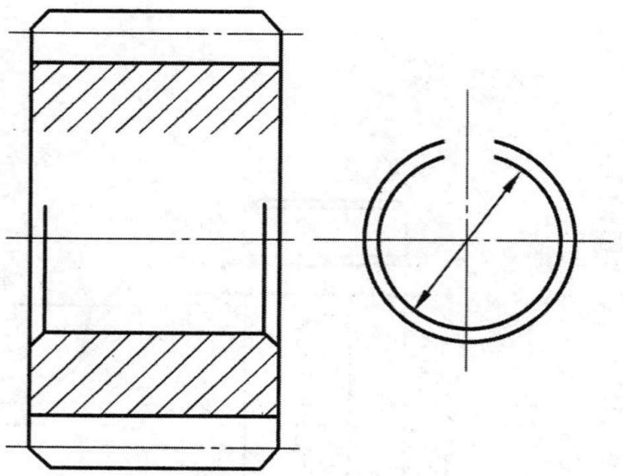

齿轮和轴

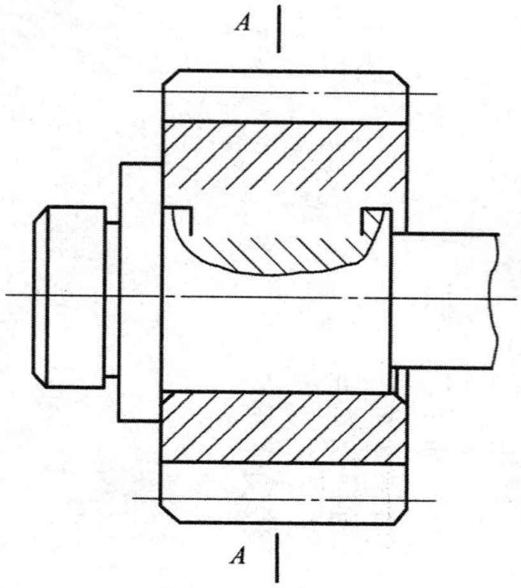

A—A

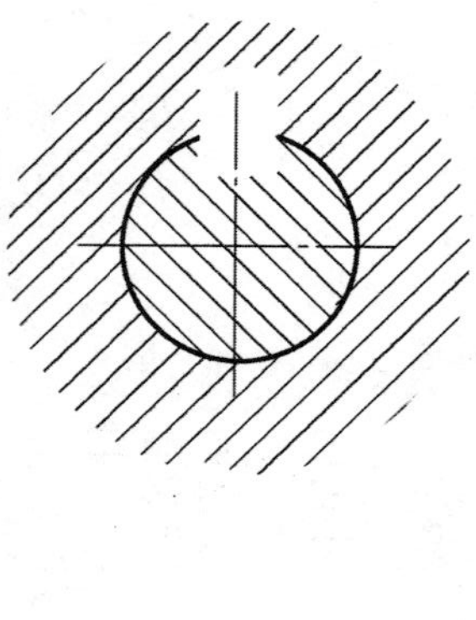

项目九　零件图

识读轴零件图，完成填空题

班级：　　　　姓名：

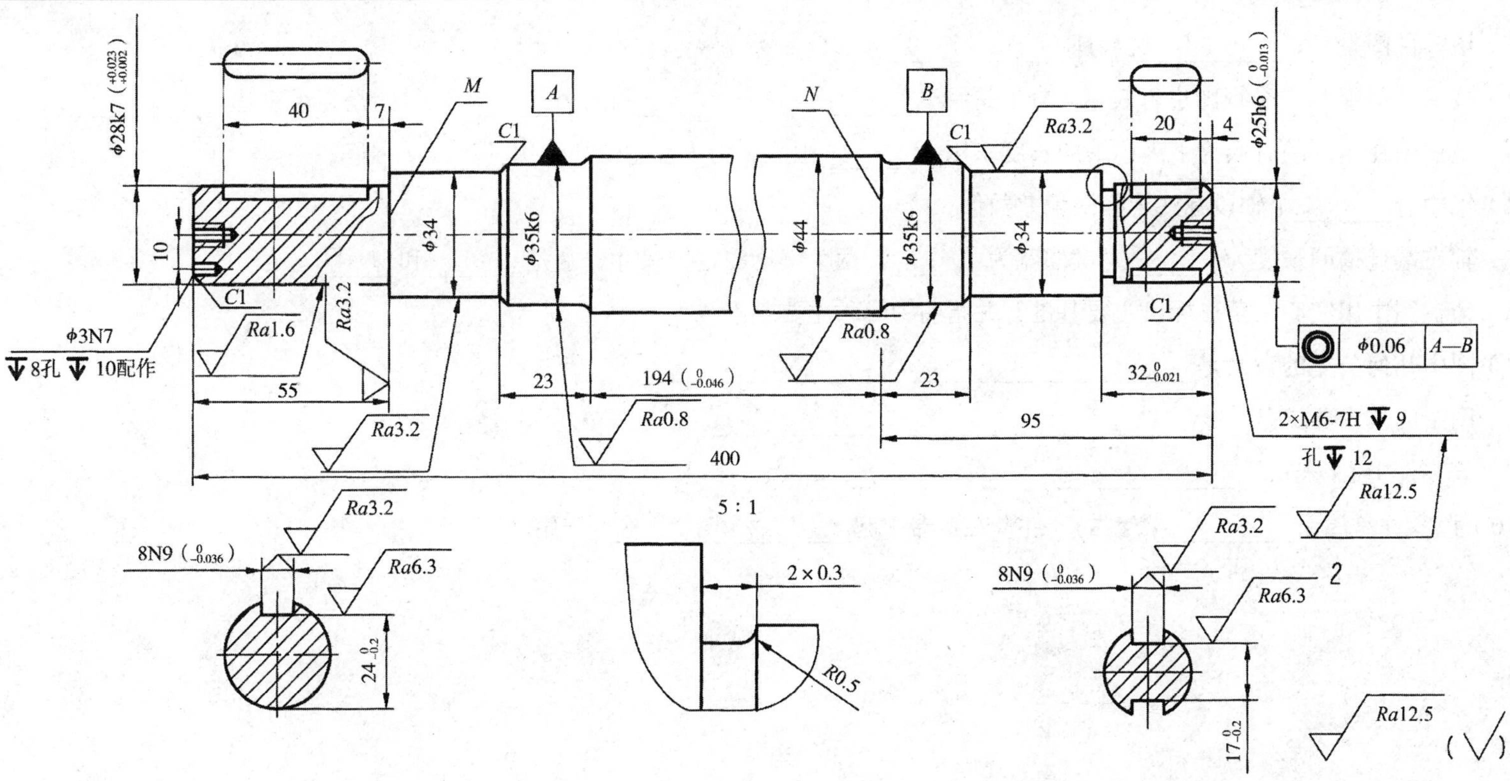

技术要求：

1. 调质（220~250）HB。
2. 未注圆角 $R1.6$。

轴		比例	材料	图号
			45	
制图				
审核				

识读轴零件图，完成填空题（续） 班级： 姓名：

（1）该零件图是____________材料是____________。

（2）该零件共用____个视图进行表达，分别是一个______，一个______和两个______。目的是为了表达_____________。

（3）主视图在绘制的时候为了表达轴的长度采用了______画法，为了表达螺孔采用了______画法。

（4）轴中有______个轴段标注了极限偏差数值。

（5）轴右端键槽的长度为______，键槽宽为______。两个键槽的定位尺寸分别是______和______。

（6）请在图中用实心三角形标出主要基准，并指明为哪种主要基准。

（7）图中几何公差的含义是____________________________________。

（8）图中的技术要求是____________________________________。

（9）该零件中 *C*l 表示________________。

（10）该零件是属于_________类型的零件，在机器中起__________________作用。

读零件图，完成填空题

班级：　　　　　　姓名：

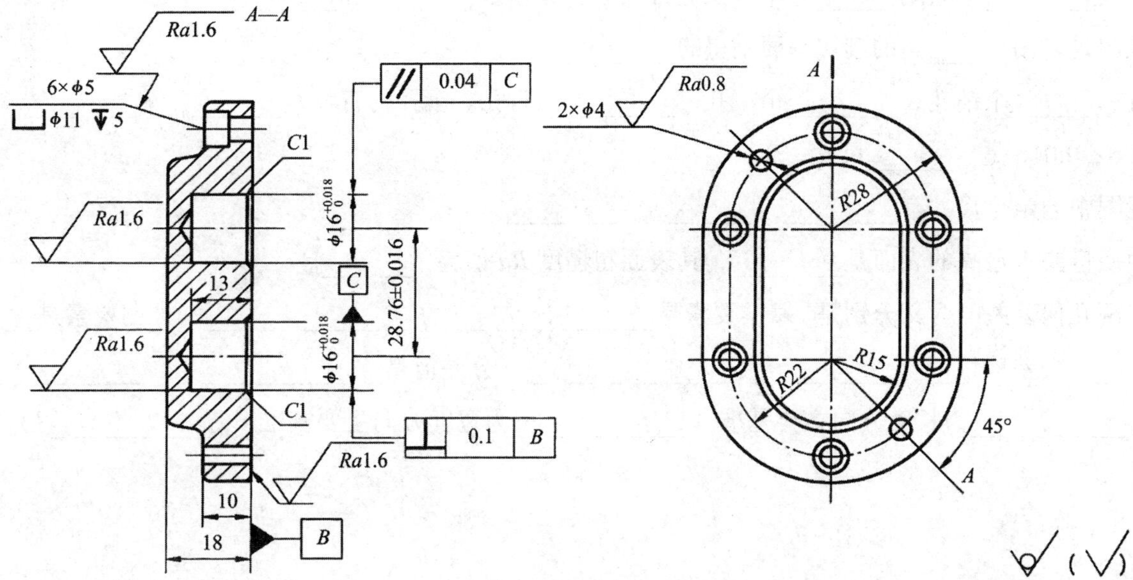

技术要求

1. 未注圆角半径为 R1~R2。
2. 未注起模斜度为 2°。
3. 铸件应经时效处理。
4. 不通孔ϕ 16 可先钻孔，再经切削加工制成。

			比例	材料	图号
左端盖			1 ∶ 1	HT200	
制图					
审核					

读零件图，完成填空题（续） **班级：** **姓名：**

（1）该零件图是________，共用________个视图进行表达，分别是________和________。

（2）泵盖主视图是采用________的剖切平面剖得的________。

（3）泵盖上有________个销孔，________个沉孔，________个盲孔。沉孔的直径是________深________。

（4）尺寸 28.76 ± 0.016 是________尺寸。

（5）泵盖左视图中的定位尺寸有________、________、________。

（6）泵盖表面质量要求最高的表面是________，其表面粗糙度 *Ra* 值为________。

（7）图中框格两几何公差的含义分别是：基准要素是______________、______________，被测要素是______________、______________，公差项目______________、______________，公差值是______________，______________。

（8）该零件以___________为长度方向主要基准，以___________为宽度方向主要基准，以___________为高度方向主要基准。

读往复杠杆零件图，完成填空题

班级： 姓名：

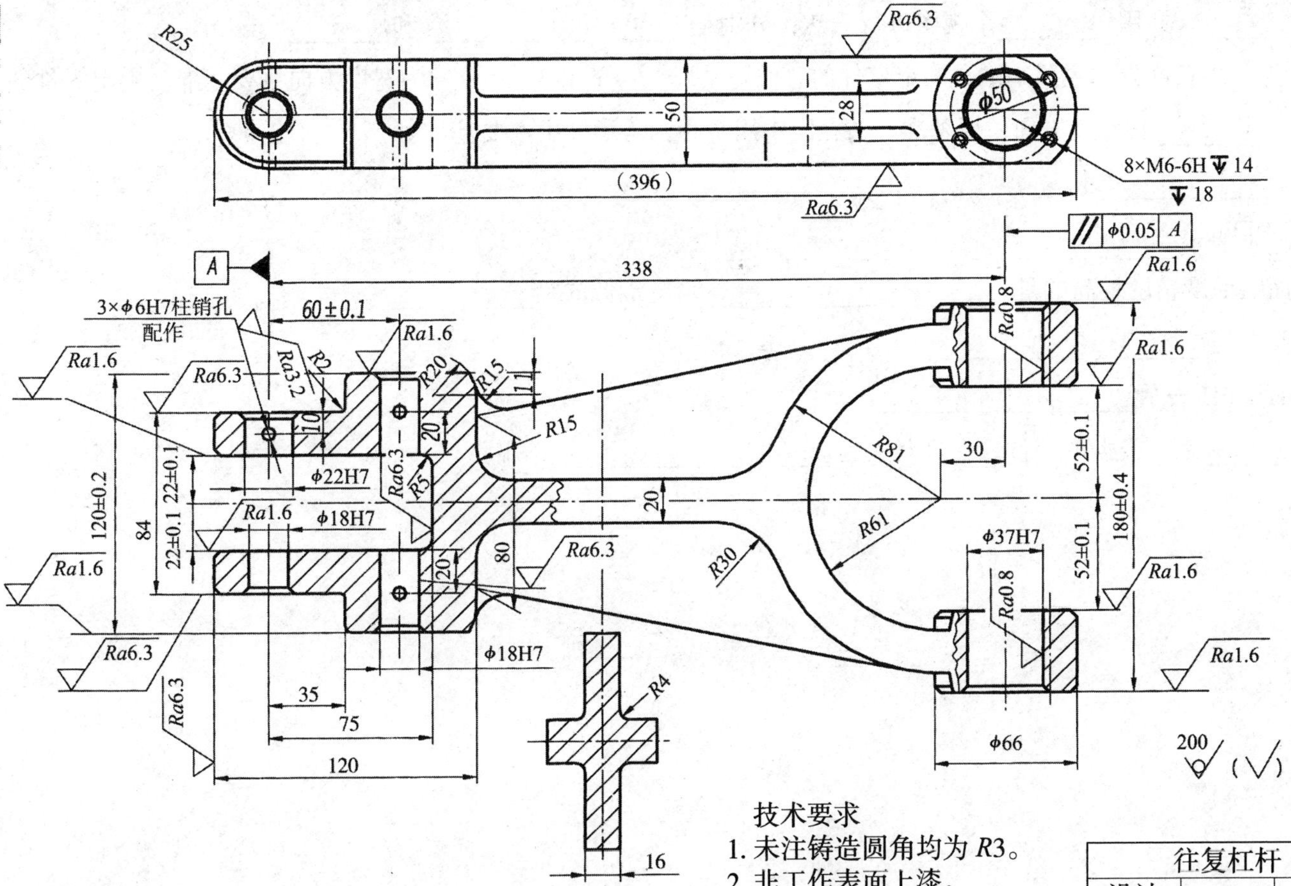

技术要求

1. 未注铸造圆角均为 *R*3。
2. 非工作表面上漆。
3. 未注倒角均为 0.5×45°。

往复杠杆			比例	1 : 1
设计			材料	ZG25
审核			数量	1

读往复杠杆零件图，完成填空题（续） 班级： 姓名：

（1）该零件图是________，共用________个视图进行表达，分别是________、________和________。

（2）该零件以________为长度方向主要基准，确定零件的总长是________；以________为宽度方向主要基准，确定零件的总宽是________；以________为高度方向主要基准，请在图中用实心三角形标出主要基准。

（3）该零件图中 16 是________尺寸。

（4）零件图 | // | ϕ0.05 | A | 表示________________________________。

（5）该零件图中表面粗糙度精度最高的是____________________，精度最低的是____________________。

（6）该零件的技术要求是____________________。

（7）该零件中 8 × M16–6H 表示____________________。

（8）该零件是属于__________类型的零件，在机器中起____________________作用。

读支座零件图，完成填空题　　　　　　　　班级：　　　　姓名：

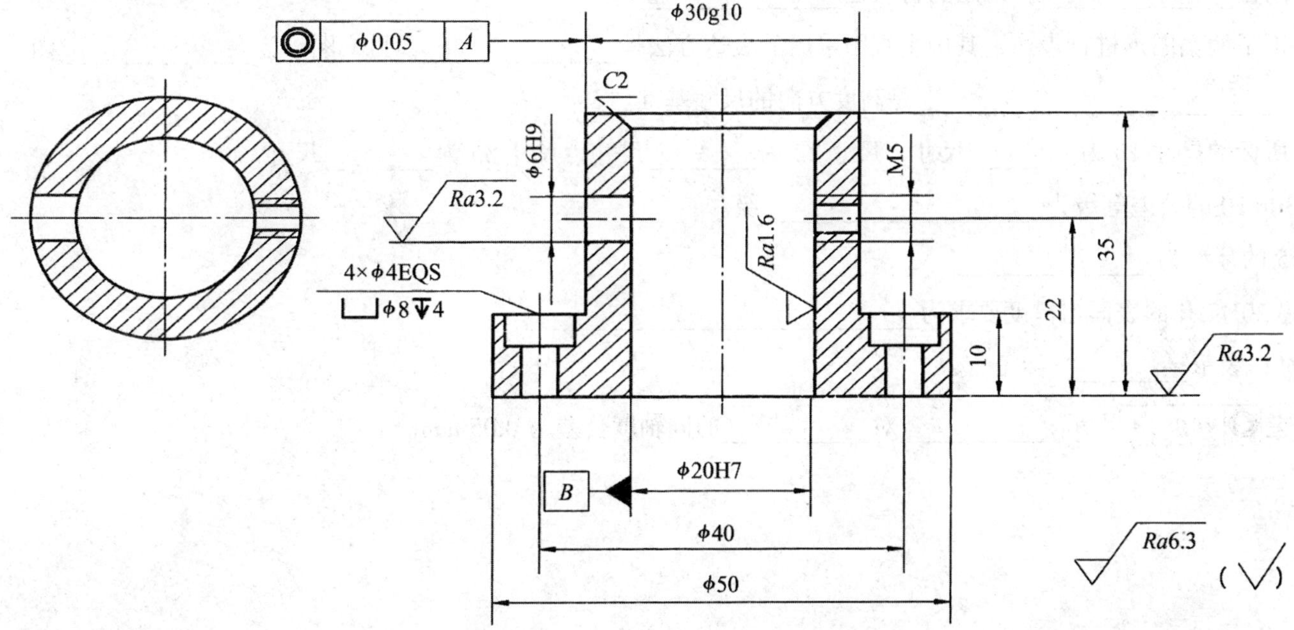

支座			比例	材料	图号
			1 : 1	40Cr	
制图					
审核					

读支座零件图，完成填空题（续）　　　　班级：　　　　姓名：

（1）该零件图是______________，采用的材料是______________。

（2）该零件用了两幅图形进行表达，其中主视图采用的表达方法是______________，另一图形为______________图。

（3）零件的____________________________是高度方向的尺寸基准。

（4）图样中所标的尺寸 10 为________尺寸，尺寸 22 为________尺寸，尺寸 35 为________尺寸。

（5）尺寸ϕ 30g 10 的公差等级为____________________级。

（6）螺孔 M5 的牙型为______________。

（7）零件中ϕ 20H7 孔的表面粗糙度要求为___________________________。

（8）*C*2 中的 *C* 表示________° 倒角。

（9）几何公差 | ◎ | ϕ0.05 | *A* | 表示：__________对__________的同轴度公差为 0.05 mm。

项目十　装配图

读换向阀装配图

班级：　　　　　　姓名：

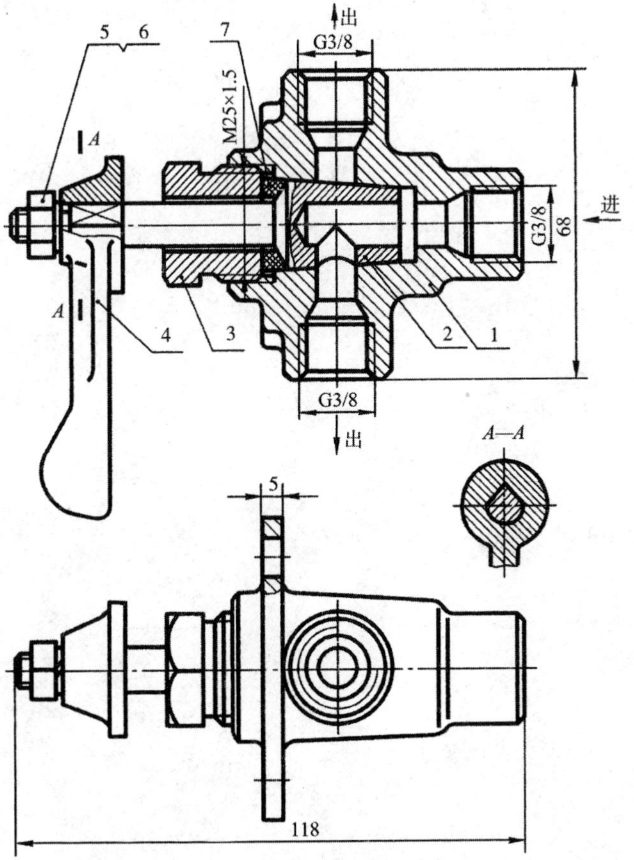

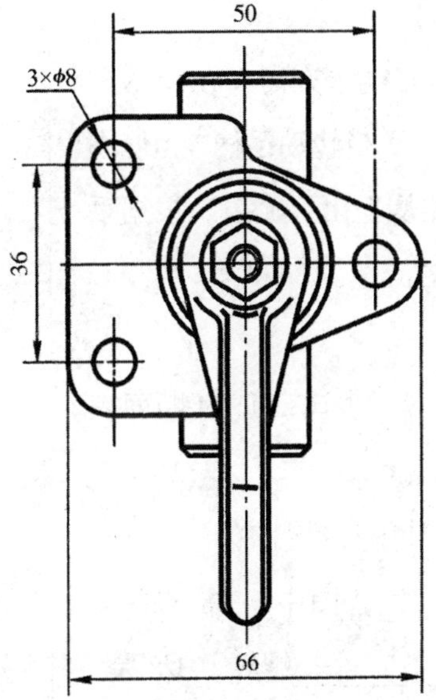

7	填料	1	石棉	
6	螺母 M10	1	Q235	GB/T 6170-2000
5	垫圈　10	1	65Mn	GB/T 848-1985
4	手柄	1	HT200	
3	锁紧螺母	1	Q235	
2	阀芯	1	HT200	
1	阀体	1	HT200	
序号	名称	件数	材料	备注
设计				（厂名）
校核				换向阀
审核			比例　1 : 1	（图号）

读换向阀装配图（续）

班级：　　　　　姓名：

工作原理：

换向阀用于流体管路中控制流体的输送方向。在图示情况下，流体从右边进入，从下出口流出。当转动手柄 4，使阀芯 2 旋转 180° 时，下出口不通，流体从上出口流出。根据手柄转动角度大小，还可以调节出口处的流量。

回答下列问题：

1. 本装配图共用________个图形表达，*A*—*A* 断面表示______和______之间的装配关系。

2. 换向阀由_____种零件组成，其中标准件有____种。

3. 换向阀的规格尺寸为________，图中 G3/8 的含义是：G 是_______代号，它表示_______螺纹，3/8 是_______代号。

4. 3 × ϕ 8 孔的作用是__________，其定位尺寸称为_______尺寸。

5. 锁紧螺母的作用是____________。

6. 拆画件 2 阀芯零件图。

读齿轮油泵装配图

班级：　　　　　　姓名：

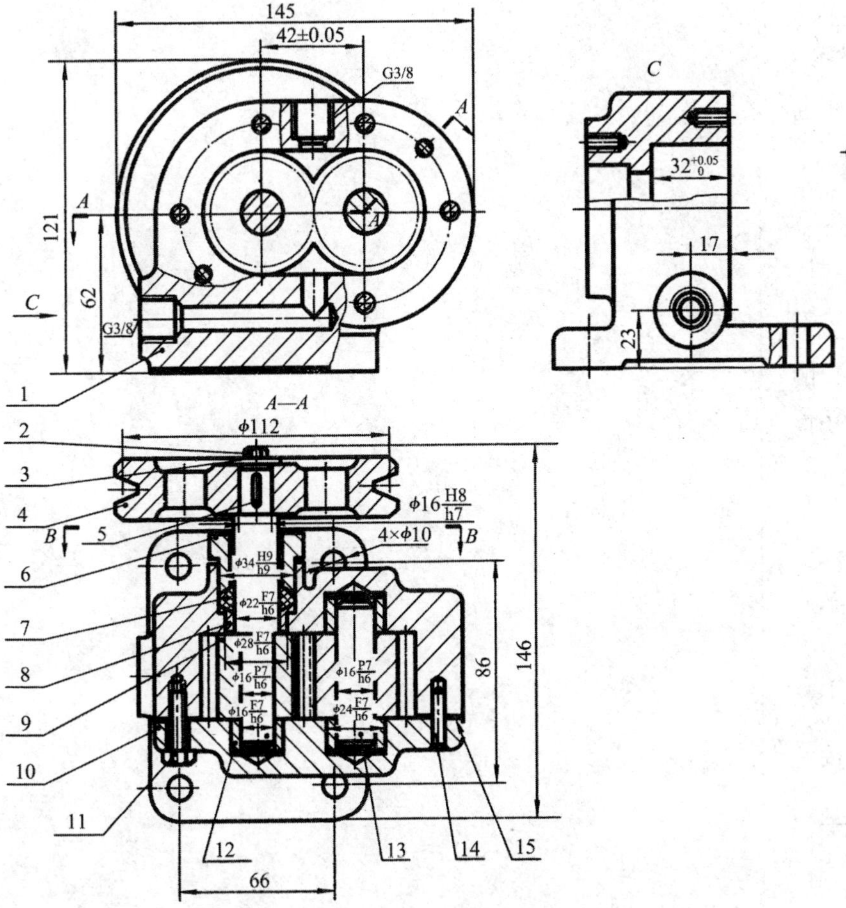

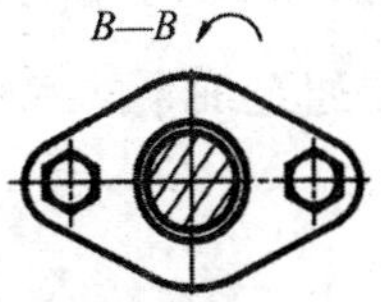

技术要求

1. 两齿轮轮齿啮合面应占齿长 3/4 以上。

2. 各密封处不得泄漏，工作压力不小于 10 MPa。

序号	名称	件数	材料	备注
15	垫片	1	纸	
14	销 5n6×22	2	45	GB/T 119–2000
13	小轴	1	45	
12	轴套	3	锡青铜	
11	螺栓 M6×22	6	Q235A	GB/T 586–1986
10	泵盖	1	HT150	
9	齿轮	2	45	m=3　z=14
8	铜套	1	锡青铜	
7	填料	1	石棉绳	
6	压盖	1	HT150	
5	键 5×12	1	45	GB/T 1096–1979
4	带轮	1	HT150	
3	轴端挡圈	1	45	
2	螺栓 M5×12	1	Q235A	GB/T 5786–2000
1	泵体	1	HT150	
设计				（厂名）
校核				齿轮油泵
审核			比例 1 : 1	（图号）

读齿轮油泵装配图（续）

班级：　　　　姓名：

工作原理：

齿轮油泵是一种为机械提供润滑油的部件。动力由带轮 4 输入，当轴作顺时针方向旋转时，油液便通过油泵的水平通道口吸入，然后从泵体上方的通道压出。

回答下列问题：

1. 齿轮油泵由_____种零件组成，其中标准件有______种。

2. 齿轮油泵由________图形表达，主视图采用________剖视，主要表达油泵外形以及________油口和________油口的通道。俯视图采用________剖视，主要表达油泵内部结构形状以及________。

3. 装配图的规格尺寸为________，安装尺寸为________。

$\phi 16\frac{H8}{h7}$表示件________和________之间是________配合。

$\phi 16\frac{P7}{h6}$表示件________和________之间是________配合。

4. 泵盖 10 与泵体 1 是通过_______定位、_______连接。压盖 6 与泵体是通过_______连接。填料 7 的作用是_______。

5. 拆画压盖 6 零件图。

读台虎钳装配图

班级：　　　　姓名：

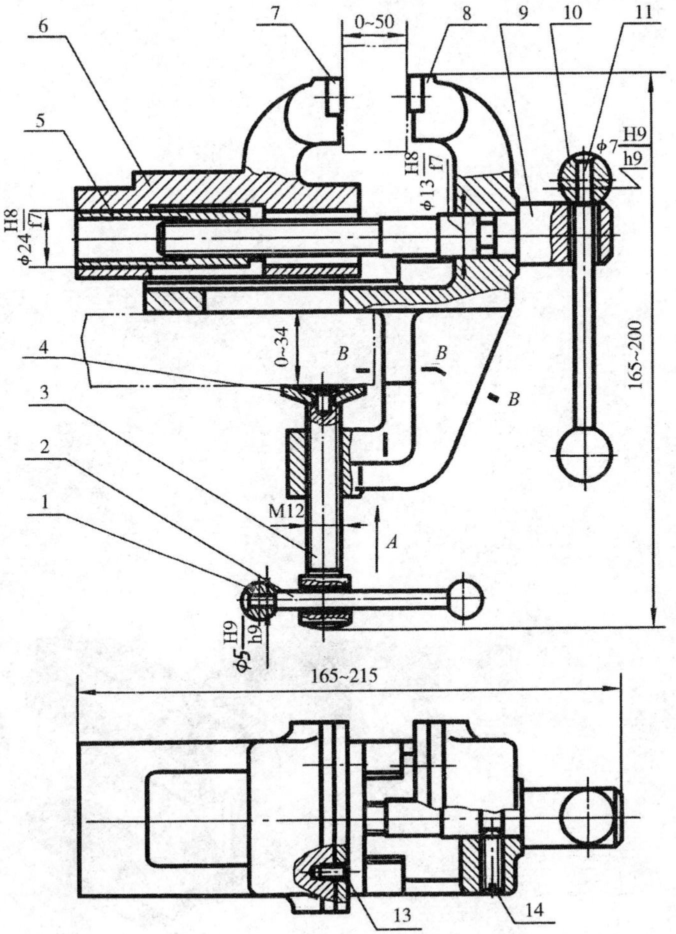

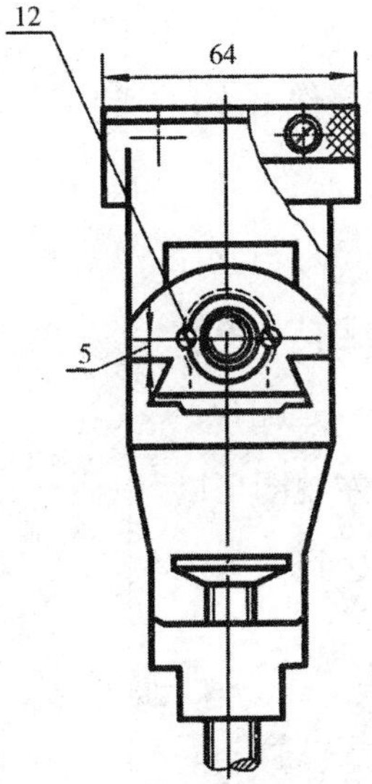

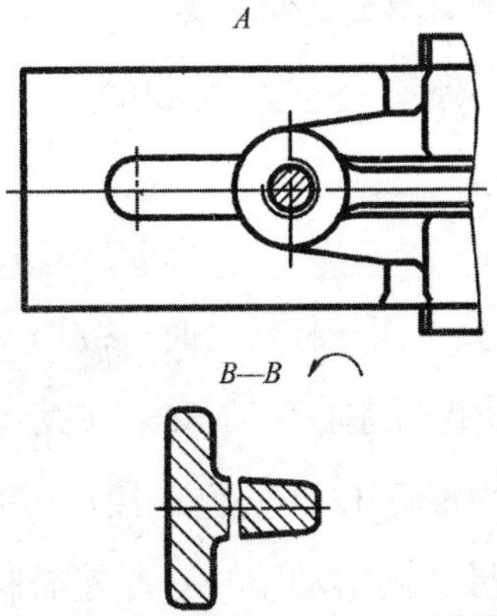

14	紧定螺钉 M8×20	1	Q235A	GB/T 68-2000
13	沉头螺钉 M6×25	4	Q235A	GB/T 71-1985
12	紧定螺钉 M5×15	2	Q235A	GB/T 73-1985
11	手柄	1	Q235A	
10	球ϕ 18	2	Q235A	
9	丝杆	1	45	
8	固定钳身	1	HT150	
7	钳口铁	2	45	
6	活动钳身	1	HT150	
5	螺母	1	Q235A	
4	托杯	1	Q235A	
3	螺杆	1	Q235A	
2	手柄	1	Q235A	
1	球ϕ 12	2	Q235A	
序号	名称	件数	材料	备注
设计				（单位）
校核				台虎钳
审核			比例	（图号）

读台虎钳装配图（续）

班级：　　　　姓名：

读台虎钳装配图回答下列问题：

1. 本装配体名称是________，由________种零件组成，其中标准件有________种。

2. 转动手柄使____________同时转动，由于螺母与丝杠是__________连接，而丝杠转动时，被________阻挡，不能作左右移动，迫使螺母左右移动。螺母与活动钳身 6 是配合，而且还有两个紧固螺钉 12 将它们连接在一起（从左视图可以看出），于是螺母连同活动钳身一起左右移动，达到夹紧工件的目的。

3. 台虎钳夹持工件厚度尺寸的最大范围是________。台虎钳安装到台面上的厚度尺寸应≤________。

4. 保证活动钳身左右移动不产生偏斜，是通过活动钳身 6 与固定钳身 8 上面的________导轨导向实现的。

5. 钳口铁 7 与活动钳身、固定钳身是通过________连接的。

6. 主视图中$\phi 24\frac{H8}{f7}$表示件________与件________之间是________配合。

7. 参照活动钳身轴测图拆画零件图。

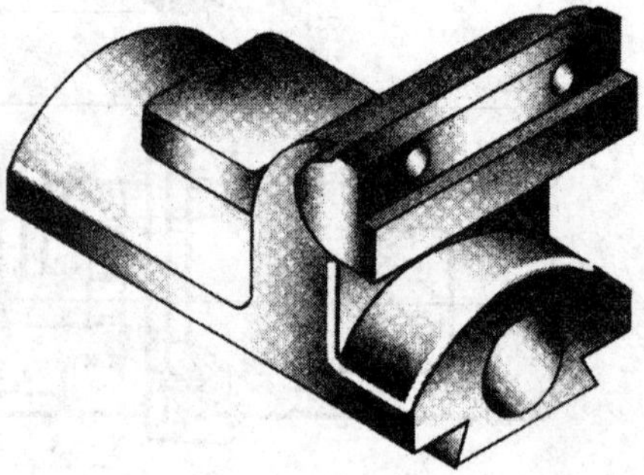

读柱塞式油泵装配图

班级：　　　　　　　　姓名：

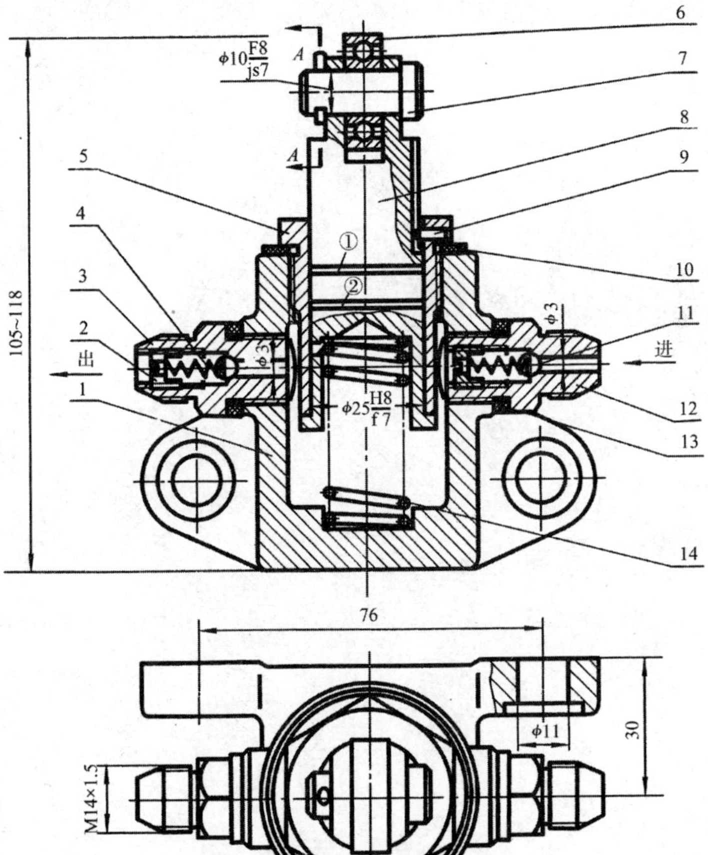

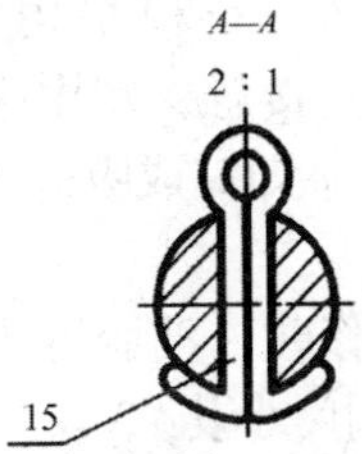

序号	名称	件数	材料	备注
15	销 2×12	1	35	GB/T 91-2000
14	弹簧	1	65Mn	
13	垫圈	2	橡胶	
12	右阀体	1	35	
11	钢球	2	GCr15	
10	垫圈	1	橡胶	
9	销 3n6×10	2	35	GB/T 119-2000
8	滑柱	1	45	
7	小轴	1	45	
6	轴承 G0202	1		
5	导向轴套	1	35	
4	弹簧	2	65Mn	
3	左阀体	1	35	
2	调整螺塞	2	35	
1	泵体	1	HT150	
设计				（厂名）
校核				柱塞式油泵
审核			比例 1 : 1	（图号）

读柱塞式油泵装配图（续）

班级：　　　　姓名：

工作原理：

柱塞式油泵用于机械的润滑油系统，行程 6~12 mm。由于外力的作用（凸轮旋转，轴承 6 与其接触，图中未画），滑柱 8 克服弹簧力而上下往复移动，油泵即完成吸进低压油、压出高压油的工作过程。

图示滑柱为最高位置。当滑柱下移时，油腔容积变小，压力变大，右阀门关闭，油液通过左阀门小孔ϕ 3 顶开钢球 11 流入润滑系统。

当滑柱上移时，油腔容积变大，压力变小，左阀门关闭，油液通过右阀门小孔ϕ 3 顶开钢球 11 吸入油腔，得以补充。

回答下列问题：

1. 主视图采用____________剖视，表达柱塞式油泵主要零件之间的装配关系以及____________，俯视图表达柱塞式油泵的_________，*A*—*A* 剖视图表达_______销 15 与小轴 7 的连接。

2. $\phi\,25\,\frac{H8}{h7}$表示件________与件________之间是________制______配合。$\phi\,10\,\frac{H8}{h7}$表示件________与件________之间是_______制_______配合。

3. 主视图中标有①、②两处的小槽的作用是________，销 9 的作用是________________。

4. 左、右阀体 3、12 的结构是否相同，为什么？分别调整左、右阀体中的调整螺塞对油泵供油状况有什么影响？

5. 拆画泵体 1 零件图。